JN021763

プログラミングを
使わない開発へ

ノーコードシフト

NoCode
Shift

著
安藤昭太
宮崎 翼
NoCode Ninja

インプレス

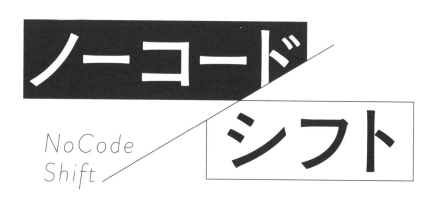

著者プロフィール

■安藤 昭太（あんどう しょうた）

ノーコードコンサルタント／合同会社sowacana代表
大学卒業後、富士通入社。独立後、エンジニア経験を活かし、社会課題をITで解決する会社を立ち上げ、様々な社会課題の解決にエンジニアとして関わる。その後、エンジニア人材育成事業を経て、ノーコード事業を開始。大学機関や企業、NPOなど社会性の高い事業をメインにノーコードによる新規事業開発や業務改善のプロジェクトに参画している。自身でも数社のCTOとしてノーコードによるサービス開発を行う。

■宮崎 翼（みやざき つばさ）

愛媛県出身、東京都在住／国立工業高専卒業（新居浜工業高等専門学校）／NoCode×カスタマーサクセスマネージャー／法人向けIT導入支援
DMMで日本初のノーコード専門オンラインサロン「NoCodeCamp プログラミングを使わないIT開発 」を運営するほか、CoderDojo稲城（こどものためのプログラミングサークル）など、イベントやコミュニティでも活動する。

■ NoCode Ninja（ノーコードニンジャ）

NoCodeエバンジェリスト
日本初＆日本最大のノーコード専門オンラインサロン「NoCodeCamp プログラミングを使わないIT開発 」を宮崎翼氏と運営（サロンの規模はノーコード専門として最大手Makerpad（ロンドン）に次ぐ世界２位)。SNSなどでノーコード情報を発信しており、note記事『プログラミング不要のNoCode（ノーコード）とは？どうやって学習するの？』は110,000PVを突破。NoCodeCampとしての受託開発やイベント主催、メディア出演、ネット授業、インタビュー登壇など多方面で活躍中。著書に『基礎から学ぶ ノーコード開発』(シーアンドアール研究所）がある。
Twitter：@nocodejp
note：https://note.com/nocodeninja
YouTube：https://www.youtube.com/channel/UCZg4yOkPIfbSc3f6FVS1x_g

---

はじめに

なぜノーコードを学ぶ必要があるのか

みなさんは、仕事や生活の中で、「こういうサービスあったらいいのに」と思うことはないでしょうか。または「これ紙じゃなくてメールやチャットでよくない？」や「これ私がやる必要ある？」と感じることはないでしょうか。この本を手にとっているあなたは、「もし自分にアプリを作る技術があれば、解決できる課題は世の中にたくさんある」と感じることが多いのではないでしょうか。

では、「アプリを作る技術がある人」、つまりプログラミングができる人はこの世界にどれくらいいると思いますか。驚くことに、およそ0・3％しかいないのです。これはプログラミングできる総人口なので、例えばグーグルやフェイスブック、アップルなど、世界中の人々の生活に大きな影響を与える会社でプログラミングをするエンジニアは、ごく少数ということになります。さらに0・3％のプログラマー人口のうち、80％が男性です。さらに40％が白人人種です。乱暴な言い方をすると、インターネット上にあるさまざまなサービスやアプリの多くは「白人の男性」がアイデアを出し、企画し、開発し、運営しているのです。

人間には認知の歪み、つまり自分で見て感じたもののみを重要と捉える傾向があるので、「白人の男性」の課題や悩みは解決されるばかりで、「黒人の女性」の課題はなかなか解決されていかないという問題が出てきます。

そこで「ノーコード」の登場です。

ノーコードの文脈でよく語られるのが、「市民開発者（シチズンデベロッパー）」という役割です。市民開発者とは、プログラミングスキルを持たずに、アプリやサービスを作る人たちのことです。彼らは自分たちの課題を、ノーコードで解決することができます。ノーコードのブームによって市民開発者はどんどん増加し、みなさんの身近にも存在する日が近いでしょう。

プログラミングを学習する障壁が高く、プログラマーの属性に偏りがある現在と比較して、市民開発者は「白人の男性」でなくてもなれる可能性が高まります。市民開発者は、多様なバックグラウンドを持つ人たちになると予測されます。そうなると、多様な価値観や課題意識に基づいたアプリやサービスが世に出てくるでしょう。

現在、多くの社会課題が存在します。それらは多様な価値観を受容する社会と相まって、どんどん複雑化し、細分化されています。そして、それらを全て解決する巨大サービスを一つの会社や国家が作ることはほぼ不可能です。しかし、市民開発者がいれば、身近な課題を身近な人たちで解決できるため、どれだけ価値観が多様になり、課題が複雑化し細分化したとしても、対応することができると私たちは信じています。

私たちが未来を語る時、課題山積でお先真っ暗というイメージをしてしまわないでしょうか。もちろん課題はたくさんあるし、近い未来さえ予測することが難しいのは事実です。しかし、本書をお読みいただき、「ノーコードを活用することで、ピンチがチャンスになる！」という気持ちになり、「私も何か作ってみよう！」という気になっていただければ、とてもうれしく思います。

２０２１年5月　著者

もくじ

CHAPTER 03

ノーコードは誰の何をよくするのか

CHAPTER 04

ノーコード開発事例紹介

CHAPTER 05

CHAPTER 01

ノーコードはなぜ今ブームなのか

ノーコードとは

最初に、ノーコードとは何を指しているのか、どういう意味で現在使用されているのかという言葉の定義について説明します。さらにノーコードの歴史について一番古いツールから順を追って紹介します。

ノーコードの定義

最初にノーコードの定義について触れましょう。2020年5月現在、ノーコードという言葉は、定義が非常にあいまいになっています。簡単にITツールを利活用できるという文脈で、メディアなどで取り上げられたことにより、ノーコードと名付けられたツールが増加しているからです。

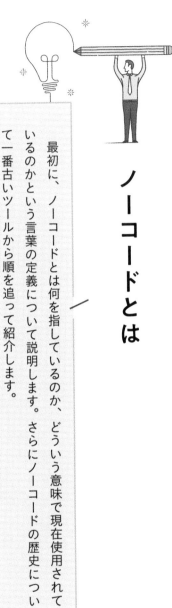

とはいえ、ここで本書がノーコードを明確に定義したことによって、ノーコード原理主義派とノーコード穏健派の対立の構図となってしまうことは望みません。せっかくIT専門職でない人たちが「ITツールをもっと使おう！」と乗り気になっているところに、水をさしてしまうことになりかねないからです。

そのため本書では、海外の専門家たちが提唱する定義の中から、筆者が考えるノーコードの定義をお伝えし、その定義をもとに論旨を展開していきます。

本書のノーコードの定義は、ノンエンジニアがプログラミングすることなく、「ウェブアプリケーション（サービス）を作ることができる」、そして「提供されている機能を自由に拡張できる」ことで「テクノロジーの恩恵を受けることができる」ツールとします。

ウェブアプリケーション（ウェブアプリ）とは、インターネット経由で使うことができるサービスのことです。情報検索から商品売買、時間予約や動画閲覧など、インターネット経由で提供されているサービス全般を指します。これらの機能を、エンジニアでなくても、プログラミングすることなく提供できるということです。

提供されている機能を自由に拡張できるということは、例えば「ウェブサイト機能にメール配信機能を追加する」ことや、「商品購入機能にオススメ表示機能を追加する」ことなどを指します。従来、ツール標準で備わっていない機能は、プログラミングで追加するのが一般的でした。ノーコードのツールでは、プログラミングをすることなく、機能追加を柔軟に行うことができます。

これら二つのメリットが得られることで、これまでエンジニアが多くを享受していたテクノロジーの恩恵を、エンジニア以外の人たちも受けられるようになってきています。

ノーコードの歴史

単語としての「ノーコード」が世界に知れ渡った原点は、新しいウェブアプリを紹介する世界的に著名なサイト「プロダクトハント（Product Hunt）」のCEOであるライアン・フーバー氏が、2019年1月に書いたブログ記事だといわれています。「ノーコードの台頭」（The Rise of "No Code"）というこの記事では、すでに十以上のノーコードツールが紹介されています。彼がそれらをまとめる概念として、「コード（プログラム）が不要」という意味を込めてノーコードという単語を作りました。

そのすぐあとに「ノーコード・カンファレンス」というノーコードの大きな展示会が催され、2019年に定着しました。日本でも2019年後半から、ブログで情報発信する人たちが増加しています。

しかし、ノーコードという概念そのものはインターネットの黎明期からあります。1997年には、プログラミングなしでウェブサイトを作ることができるソフトウェアが販売されており、それ以降も多くの会社がプログラミングなしでウェブアプリを作るという世界を目指すべく、さまざまなサービスを提供しています。

1990年代はノーコード第一世代です。ウェブサイトを簡単に作ることができる当時としては画期的なソフトウェア（ドリームウィーバーやマイクロソフト・フロントページ）の販売が開始されました。しかし、第一世代のノーコードは、デザインしたものをHTMLに出力することはできても、それらを直接編集するのは困難でした。

2000年代がノーコード第二世代です。第二世代で画期的だったのは、HTMLを直接編集しなくても画面の文字を修正したり、新しくページを簡単に追加したりできるソフトウェアが、誰でも無料で使用できるということでした。今では当たり前になっている「ブログを書く」という行為は、コンテンツ管理システム（ワードプレスやドルーパル）によって実現しました。コンテンツ管理システムの多くは、無料で使用できるオープンソースで構成されており、個人の情報発信が民主化されるスタート地点となりました。

一方で、企業向けソフトウェアでは、「クラウド」という言葉が流行し、今日のノーコードのようにバズワード化します。クラウドの筆頭サービスだったセールスフォースが、マウス操作のみで顧客管理システムをカスタマイズできるウェブアプリを提供し始めます。それまでの、「柔軟な設定ができないソフトウェアを購入する」か、「ＩＴ企業に発注してゼロからシステムを作る」という二者択一に、ノーコードという新たな選択肢を追加しました。

２０１０年代はノーコード第三世代です。第三世代では、ブログ機能以外の多くの機能がノーコードで提供されます。商品販売やサイトデザイン、データ分析や作業自動化など多くの機能が提供され始め、現在のノーコードの潮流を支えています。ここで紹介するには数が多いため、本書後半で具体的に説明します。

もう一つ第三世代で特徴的なのは、一般向けの機能と企業向けの機能が明確に区別できなくなる点です。例えばチャットツールは、当初は友人同士が交流するためのツールだったのが、メールに代わる企業内コミュニケーションツールに変身しました。企業のさまざまな業務システムとの連携や多様な組織文化に対応するために、柔軟にカスタマイズできるノーコードが必要とされ、開発されました。

２０２０年代はノーコード第四世代となることが期待されています。第四世代では、先端技術のノーコード化です。現在すでにあるものとしては、画像を認識し必要な情報を

ノーコード進化の4世代

第一世代	デザインをHTML化するためだけのノーコード
第二世代	デザインだけではなく、文字を入力するとWebサイト画面が自動で表示されるブログサイト型のノーコード
第三世代	文字表示だけではなく、商品販売やサイトデザイン、データ分析や作業自動化など、多機能搭載型のノーコード
第四世代	従来技術だけではなく、AI（人工知能）やIoTなど先端技術を活用したノーコード

表示するＡＩ（人工知能）のノーコードや、センサーやデバイスといったＩｏＴ製品と簡単に連携できるノーコードなどがあります。これまで、先端技術は一部の専門家が駆使するもので、多くの人たちは成果物を使うだけでしたが、ノーコードで先端技術を使用できるようになることで、多くの人たちがその恩恵を受けることができます。

ちなみにこの四つの世代区分はウェブ関連アプリでの話ですが、対象を広げた場合は第ゼロ世代として、１９７９年にビジコープ社が、アップルⅡというパソコンに搭載した表計算ソフト「ビジカルク」がノーコードの起点である、という意見もあります。

日本国内では、第三世代から国産のノーコードツールが販売され始めます。大きな変化となったのは、クラウドデータベースのキントーン（kintone）です。ソフトウェアを購入する、またはＩＴ企業に発注する、の二者択一は、国内においても同様でした。第三の選択肢としてキントーンが提供されたことによって、業務システムは自社で作るという意識が浸透し始めました。

本書が発売される２０２１年時点では、さまざまな国産ノーコードツールが提供され、さらに日本でも利用可能な英語環境の海外ツールも多く提供されており、グローバルに群雄割拠の様相を呈しています。

これもノーコードにおける歴史の特徴です。これまでＩＴサービスは主にアメリカが発信地となり、数年遅れて日本に入ってくることが多く、アメリカで売れているＩＴサービスをいち早く日本に輸入する「タイムマシン経営」ができる環境でした。しかし、ノーコードに関しては、発信地は北米だけではなくヨーロッパにもアジアにもあり、サービスも国ごとの言語ではなく最初から英語のみで提供されることが多いです。つまり世界中で同時多発的に開発競争が繰り広げられ、地域や言語に関係なく利便性が高いものが活用されるという仕組みになっています。

Section 2

ノーコードがブームになった背景

前節でも述べたように、ノーコードはインターネットの歴史とともに発展を遂げてきました。それではなぜ今（2021年）これだけ大きなブームとなっているのでしょうか。本節では、技術的側面から三つ、社会的側面から三つの理由を説明します。

クラウド技術の一般化

クラウドコンピューティング（クラウド）とは、サーバーやデータをインターネット上に配置して、ブラウザからアクセスして利用するシステム形態のことです。2006年に当時のグーグルCEOであるエリック・シュミットが提唱し、それ以降、主にアマゾンやグー

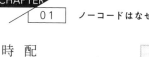

グル、マイクロソフトといった大手ＩＴ企業によって提供されています。

クラウドが一般化する前は、自社ビル内や郊外にあるサーバー専用のビル（データセンター）にサーバーやデータを配置し、自社ネットワークからしかアクセスできない非常に閉鎖的なシステムが主流でした。

しかし、セキュリティ技術の向上も相まって、クラウドはどんどん一般化します。

最初は個人情報以外のデータ、例えば紙媒体でも公開されている企業や行政の情報や、ゲームやエンタメのコンテンツが公開されていました。しかし、徐々に社内業務に関する機密データや個人情報を含むデータもクラウド上に保存されていきます。そこには、データの管理コストが増大し、自社だけでセキュリティへ投資するのが難しくなったため、大手ＩＴ企業の専門的な知識を持つエンジニア集団に管理を任せるほうが効率的になったという事情もありました。

一般の利用者も、住民票をコンビニのプリンターで出力したり、インターネットでログインすればさまざまな情報を取得できたりするようになります。情報がインターネット上のどこからでもアクセス可能な環境になることの大きなメリットを享受し、それが当たり前の世の中になりました。

このクラウド技術の一般化は、ノーコードの流行の大きな転換点です。

それまでもウェブサイトを作るノーコードツールはありましたが、そのウェブサイトを公開するには、サーバーが必要でした。クラウド技術が普及する前は、自分でサーバーを購入するか、高価なレンタルサーバーを借りて難解な設定をするしかなく、いずれも高度な専門知識が要求されました。

しかし、クラウド上にノーコードツールがあれば、ユーザー登録すればすぐに使えて、作ったものをすぐに公開できます。もちろん小難しい専門知識やサーバーを購入する資金などは必要ありません。

クラウド技術が、ノーコードが流行する素地を作ったのです。

SaaS利活用の浸透

クラウド技術が一般化し、「サーバーは借りる」という環境が整ったので、それまでより簡単にウェブアプリを作ることができるようになりました。多くのエンジニアたちが、自分の生活や仕事が便利になるアプリを低コストで公開するようになりました。

そこで新しいニーズが生まれます。「この会社が公開しているアプリをうちも使いたい」というニーズです。人々の生活や日々の業務で発生している課題は、だいたいみな似通っています。それを解決するアプリをインターネット上に公開し、誰もが簡単にインターネット経由で利用すれば、たくさんの人が幸せになります。対価を支払ってでも使いたいアプリを作れば、収益が生まれます。

このようなソフトウェアの提供形態を、ＳａａＳ（サース）といいます。ソフトウェア・アズ・ア・サービスの略称で、ソフトウェアをサービスとして使う、つまりソフトウェアを一括購入して所有して使うのではなく、月ごとや年ごとに使用する分だけ支払って利用する形態です。

話を整理すると、クラウド技術が一般化し、サーバーを使った分だけ料金を支払うという形態が浸透しました。さらにＳａａＳの登場によって、「アプリも使った分だけ支払えばいいよね」という考え方が一般化したのです。個人のレベルでも、昔はネットで情報発信する場合、自分でＨＴＭＬを書いて借りたサーバーで公開していましたが、今ではフェイスブックやツイッター、ブログなどで簡単に発信できるようになっています。それと同じことが企業レベルでも起きたということです。

ただし、アプリを共有して使うことには、一つの大きな問題があります。それは個人情報や機密データをインターネット上に保存しなければならないという、個人情報保護の問題です。ＳａａＳが広まる前は、個人情報をネットにアップするなんてありえない考え方でした。現在40代以上の方だと、10代の若者がティックトック（TikTok）に顔出しで動画をアップすることに違和感を持つ方も多いと思います。それほど、個人情報の公開には慎重でした。

ＳａａＳの利活用が浸透したことで、「セキュリティ」よりも「利便性」を取る、という考え方に変わりました。もちろん最大限のセキュリティ対策を採ることは大前提ですが、個人情報をインターネット上に保存するという心理的障壁は、「利便性」によって払拭されたわけです。

ノーコードが普及するためには、すべての情報がインターネット上にあり、それを誰でもどこからでもアクセスして加工ができる利便性が必要です。ＳａａＳの利活用が浸透したことで、その素地ができました。

ＳａａＳにノーコードを組み合わせることで、新たな流れが生まれています。ＳａａＳはある程度機能が固定されているため、細かくカスタマイズできないことが多いです。一方でノーコードは、機能をレゴのように組み替えられるため、より柔軟にカスタマイズできます。ＳａａＳが多くの人に使われたことによって、カスタマイズしたいという新しいニーズが生まれ、それをノーコードが解消しようとしているのです。

APIエコシステム

ＳａａＳの浸透は、ＡＰＩエコシステムの発展も促しました。ＡＰＩとはアプリケーション・プログラミング・インターフェースの略称で、いわゆる「データの受付窓口」です。例えば大手銀行で用意されている銀行ＡＰＩがあります。プログラムから口座情報とネットバンキングの情報を、用意されたＵＲＬ（受付窓口）に送信すると、該当者の残高情報（データ）が返信されてくるという仕組みです。

これの何がいいかというと、例えばＬＩＮＥのプログラムから情報を送信すると、残高照会がチャットで返信されるという機能が実現できます。あたかもＬＩＮＥと銀行が同じアプリにあるような、使いやすい機能です。それにもかかわらず、ＡＰＩを使う側（この例だとＬＩＮＥ株式会社）は、必要最低限のプログラムを書くだけで済みます。一方でＡＰＩを作る側（この例だと銀行）は、自分たちでＬＩＮＥを作るコストを払わずに、ＬＩＮＥと連携ができます。

ＡＰＩはみなさんも毎日使っています。ＳＮＳでログインする機能、複数メディアのニュースを一覧表示するニュースアプリ、グーグル・カレンダー連携、天気予報の表示なども裏側ではＡＰＩを使用しています。

ノーコードが流行しているのは、このＡＰＩを通じて、世の中にあるさまざまなアプリやサービスたちをつなぐ役目、それもプログラミングをせずにつなぐことができる役目を担うからです。

みなさんの職場や学校では、エクセル帳票に入力されているデータを一つひとつコピペして別のシステムに登録している仕事はないでしょうか。バックオフィス業務ではどこにでもある光景です。エクセルでなくても、メールで送信されてきたデータをコピペして受注システムに登録したり、インターネットバンキングの残高明細を一つひとつコピペして、会計システムに登録したりするなんてことは日本中どこでも見られる業務です。

実は、あるシステムに入ってきたデータを別のシステムに入れるという業務は、自動化が可能です。しかし、ＡＰＩがない昔のアプリやサービスでは、自動化を実現するために高い費用がかかっていました。自動化する費用よりも、人間が対応したほうが安いから、人間が対応しているのです。

しかし、最近のＳａａＳを含むさまざまなアプリには、標準でＡＰＩが提供されています。先ほどのデータ入力の例でいうと、エクセルやメールではなく申し込みフォームに入力してもらい、そのデータをＡＰＩ経由で別システムに送信し、保存する仕組みが提供されています。この場合、「データをAPI経由で別システムに送信する仕組み」だけをプログラミングすればいいので、自動化が安価に実現できます。

さらに、このAPI経由でデータを送信する仕組みは、現在ノーコードで実現できます。数年前まではプログラミングをしないといけなかった部分もノーコードツールで対応することができるのです。

このようなAPIエコシステム、つまりAPIの生態系がここ数年で実現されています。APIではデータ送受信の手続きのルールが決められていて、世界中で同じルールで運用されています。そのルールに基づいて、SaaS同士がAPI同士でつながる仕組みができたことによって、ノーコードがより価値を高めて、ブームになっているといえます。

「クラウド技術の一般化」「SaaS利活用の浸透」「APIエコシステム」の三つを技術的側面として紹介しましたが、これらは並列ではありません。クラウド技術によってサーバーを持たずにアプリを作ることができる、すなわちSaaSが誕生しました。SaaSの利活用が浸透し、数多くのSaaSが提供されたことによって、ばらばらになったシステム同士をつなぐAPIのニーズが高まりました。そしてノーコードは、「APIをエンジニアでないビジネスパーソンでも使える」という価値を提供し、より快適に使えるIT

システムを提供することになるのです。

社会の複雑化によるニッチサービス需要

ここまではノーコードのブームを支える技術的側面を説明しましたが、続いて、ノーコードのブームを支える社会的側面についてご説明します。

現在の社会は、多様性の受容が進むにつれて、どんどん複雑になっています。昭和世代が当たり前としていた家族形態や仕事観、人生観などの日々の生活に関する価値観が大きく変化しています。平成を経て、令和になり、その価値観がどんどん多様化し、同一の価値観を有する小さいグループが無数にある状況です。

多様な価値観を受け入れる社会において、大量消費的な商品やサービスは受け入れられなくなります。誰しもが自分に合う商品やサービスを求めるようになってきています。このように需要が個別化し、一つ一つの規模が小さい市場のことを「ニッチ市場」と呼びますが、社会が複雑化することにより、需要があるサービスもよりニッチになっていきます。

例えば、「中世ヨーロッパの懐中時計の販売需要」を考えます。直感的にニッチ市場とわかりますね。大手の小売店が全国に販売網を作る市場ではありません。しかし、中世ヨーロッパの懐中時計の収集家は、全国に少なからずいます。資本を投じて販売網を構築するほどの市場ではなくても、個人が販売代理店を運営するなら十分な規模の市場です。

従来、このような販売を仲介するシステムを作るには、大きな初期投資が必要でした。少なくとも数百万円をかけて開発する必要があります。もちろん数百万円で開発してサービスリリースをしても、使われなかったら終了です。数百万円を個人が負担するのは大きなリスクです。

しかし、ノーコードでそれも可能になります。私の知るノーコードツールであれば、1時間もあれば開発できるものが複数思い浮かびます。もちろんそのニッチ市場で十分な収益が得られるかどうかはわからないので、リスクはゼロではありません。しかし、金銭的な損失は個人でも負うことができ、もしうまくいけば金銭的報酬だけではなく、日本中のコレクターから感謝されるでしょう。

他には例えば、ある特定の病気を持つ方々が交流できるＳＮＳも、ノーコードなら数時間で作れます。その病気の患者ならではの便利機能もつけられるかもしれません。他にも、自分の住む町の回覧板をオンライン化することだって、自治体の福祉サービスをチャットで検索することだってノーコードだと実現可能です。

画一的な価値観の社会であれば、大きな資本を持つ企業や、行政予算を持つ政府や自治体が大きなサービスを一つ作れば、全員が満足する社会でした。しかし、社会が複雑化することで、その仕組みは崩壊し始めています。自分たちの課題や要望は、自分たちでアイデアを出し、自分たちで実現する社会への転換が求められていて、それを技術的に支えるのがノーコードなのです。

ＩＴ人材の不足

経済産業省が２０１８年に発行したＤＸレポートでは、ＩＴ人材の不足が約４３万人になる予測が示されています。これは２０１５年の約１７万人に比べて約２・５倍です。理由は二つあります。一つは、５０代のエンジニアが大量に退職し、その分を補填するだけの２０代エンジニアが少ないこと。もう一つは、国際的にデジタル化の競争が激化する中で、国内の需要が増加することです。

２０２０年末時点では、政府がデジタル庁（仮称）を創設して行政サービスのデジタル化を目標にしたり、ＩＴコンサルティング会社やリサーチ会社がＤＸ（デジタルトランスフォーメーション）を謳ってビジネスを展開し、顧客ビジネスのデジタル化を推進したりしています。しかし、どれも国際水準に合わせたデジタル化の動きであって、それに伴う人材育成ができていない状況です。

ＩＴ職というのは技術職です。一般的には、数年かけてＩＴエンジニアリングの仕事を経験して、知見やノウハウを蓄積し、それを活用する職種です。今日人材を育成し始めたからといって、半年後に優秀な人材が大量に市場に出てくることはありません。

さらに、現在不足しているＩＴ人材とは、ＤＸを推進できる高度な専門性を持つ人材です。プログラミングや設計はもちろん、顧客課題のＩＴシステムへの落とし込みや、ＡＩやＩｏＴなどの先端技術の利活用も含まれます。このように経営から現場まで理解してＩＴで実装できる人材は、一朝一夕に出来上がるわけではなく、現時点ですぐにＩＴ人材市場に供給されることはないでしょう。

ＩＴ人材が大量に供給される見込みがなく、現場のＩＴ人材のタスクが増加する中において必要なのは、生産性の向上です。ここでいう生産性の向上とは、ブラックに働くなどの根性論ではなく、既存のＩＴ人材が行う必要のないタスクはお金を払って省略化し、本当に必要な部分だけに時間をかけることです。ここでノーコードの力が発揮されます。

優秀なＩＴ人材が、やらなくてもいいような作業はたくさんあります。例えば、経営会議で使う分析資料を作るためにデータベースからデータを抽出するＳＱＬ（データ抽出プログラム）の作成があるでしょう。マーケティング部門がキャンペーンを打つために必要なランディングページをＨＴＭＬ／ＣＳＳでコーディングする作業もあります。新入社員が入ってきたら必ずやらないといけない、各システムでの初期設定も大変な作業です。これらはすべてノーコードでノンエンジニアができる作業です。

これらをノーコード化することで、優秀なＩＴ人材は、より高度な企業の事業戦略に関わるＤＸを推進する立場で本来のスキルや能力を発揮することができます。

コミュニティの強い後押し

これまであった新しいテクノロジーの流行と異なり、ノーコードはコミュニティが大きく、その結束が強いといえます。国内で例を挙げると、筆者が所属するノーコードキャンプは２百名以上（２０２０年１２月時点）の参加者がおり、月に５千円という安くない金額を払い、自分たちでノーコードを活用したサービスを作って、情報発信しています。国内のオンラインサロンは、有名人のサロンオーナーが一方通行で情報提供する、もしくは一部の参加者がサロンオーナーとともに何かを作るということが多いようです。しかし、ノーコードキャンプはアクティブ率が非常に高く、サロンオーナーとの交流だけではなく、参加者同士の交流も多く、個人の熱量が高いと感じます。開始半年後には百を超えるサービスがノーコードで開発され、リリースされています。

海外のコミュニティも同様です。例えば、ノーコードファウンダーズというコミュニティがあります。ここには世界中のノーコードツール自体の開発者、およびノーコードを活用している開発者が3千名以上（2020年12月時点）参加しています。毎週のように新しいツールが紹介され、ベータ版テストのフィードバックやアイデアへの意見、ツールの活用方法など毎日濃い議論が交わされています。参加者の居住地も多種多様で、欧米だけではなく、東南アジアやアフリカ、南米など広い地域から集まっています。

強いコミュニティになっている理由の一つは、これまでのテクノロジーと比較して、ノンエンジニアが参加する障壁が低いことです。多くの参加者は、サービスを作りたいビジネスパーソンです。これまでいいアイデアがあったにも関わらず、エンジニアが近くにいないことで実現しなかったモヤモヤが、一気に爆発した印象があります。

それ以外にも、日本では副業が解禁され始めて、新しいスキルを身につけたいビジネスパーソンが増加していることや、コロナ禍で増加した社会課題を解決するアイデアが求められているなどの理由もあります。2020年という特殊な年だったからこその理由もあるようです。

「社会の複雑化によるニッチサービス需要」「ＩＴ人材の不足」「コミュニティの強い後押し」の三つを社会的に側面として紹介しました。ニッチなサービスの需要やＩＴ人材の不足というのは、積年の課題です。現場や当事者たちが、どうにかやりくりして凌いできた過去があります。しかし、もう構造上耐えられない状況にまで陥っているところに、ノーコードという新しい概念が出現しました。課題を認識しているビジネスパーソンたちが、大きな熱量とともにコミュニティを動かしています。

ノーコードでエンジニアは不要になるのか

巷のメディアでは、「これからはノーコードだ！　サービスを作るのにエンジニアはいらない！　プログラミングも不要だ！」という過激な意見も見かけます。最初に申し上げますが、ノーコードが普及することによって、エンジニアが不要になることはありません。どれだけノーコードや他のテクノロジーが進化しても、人間のニーズを満たすサービスを作っている限りは、エンジニアが不要になることはないでしょう。一方で、エンジニアの一部の業務は不要になる可能性があります。

ノーコードはプログラミングの進化の過程

ノーコードの歴史の中で、一番古いノーコードツールは１９７０年代にリリースされているという話をしました。コンピューターを個人が使えるようになったその瞬間から、プログラミングをしないでコンピューターを動かす方法を、多くの人が考え、アイデアを実現してきたという歴史があります。

初期のコンピューターでは、英語の命令文を一つひとつ書いて実行していましたが、一般利用者が使うにはハードルが高すぎました。マウスをクリックすれば、コンピューターに命令ができるパソコンを作ろうという取り組みが、現在のｍａｃＯＳやウィンドウズにつながります。そして、パソコンをさらに簡単に手軽に使えるようにしたいという思いが、指一つでさまざまなアプリを使用することができる、現在のスマートフォンとして結実しています。

プログラミング言語も同様の考え方で進化しています。例えば、プログラマーを志す人なら誰もが一度は見たり触ったりしたことがある、「C言語」という古くからあるプログラミング言語があります。C言語は現在でもＯＳの開発などに使われており、多くのプログラミング言語のもととなっている言語です。この言語でプログラミングをするときは、ＣＰＵやメモリがどのような仕組みで動いているのかを頭に入れ、脳内でシミュレーションして開発を進めなくてはいけません。マウスでワンクリックのような動作でも何十行といったプログラムを書く必要があります。

しかし、現在多くのウェブアプリで使われている「PHP」や「Ruby」といった言語では、C言語よりはるかに簡単に速くプログラミングすることができます。それを実現しているのは、ライブラリやフレームワークと呼ばれる、プログラミングをサポートする部品群です。多くのプログラマーがC言語で開発をしていく中で、「データベースにアクセスする命令は、みんな使うから一行書いたら命令できるようにしよう！」「ウェブアプリを作るならこのファイルは必須なので、インストール時に作ってしまおう！」というように、共通化可能な部分をまとめてしまい、誰でも使えるようにした部品群があるのです。それらの部品群を活用すれば、20年前のプログラマーの何倍もの生産性でプログラミングができます。

この進化により、プログラミングの専門性というハードルが下がり、現在では多くの方がプログラミングを学び、エンジニアになる世の中になっています。昔は、人付き合いが苦手な性格の人が挑戦するようなネガティブなイメージもありましたが、現在はなりたい職業ランキングの上位に入るくらいの人気職種になっています。

この進化の延長線上にノーコードがあります。多くのプログラマーが蓄積した知見やノウハウを技術にフィードバックすることで、さまざまな新しい技術が生まれ、それらを組み合わせることで、プログラミングをすることなく、アプリやサイトを作ることができる環境を実現しているのです。

ノーコードで代替される技術は何か

ノーコードで代替される部分は、大きく二つあると考えています。一つは「定常的IT業務」、もう一つは「定型化したプログラミング業務」です。現在この二つがメイン業務となっているエンジニアは、ノーコードで代替される可能性が非常に高いので、後述するノーコードで代替されない技術スキルを磨き、新しい業務にチャレンジする必要があります。もし今の会社や業務がそれを許さない場合は、転職や独立も検討したほうがいいかもしれません。

定常的IT業務とは、社内で定常的に発生するITシステム関連の業務のことです。具体的な例を挙げると、データベースからデータを抽出してレポートを作る業務や、システム間のデータのやりとりをCSVに加工して移動させる業務、メールで来る注文内容を受注管理システムにコピペ入力する業務などです。

中規模以上の企業の情報システム部門では、恒常的にこれらの業務が発生することが多く、部門メンバーの半分以上の時間が定常的IT業務に割かれている企業も少なくありません。また、情報システム部門がない中小企業では、ＩＴがちょっと得意というだけで上記のような作業を任されている社員（一人情シス）がいます。定常的ＩＴ業務は、高度な専門知識が必要なものではないものの、この業務が停止すると社内業務全体に大きな影響を与えるため、その重圧に耐えながら業務をこなしているのが現状です。

定常的ＩＴ業務のうち、上記のような業務、すなわち「入力元となるデータと保存先のデータがパターン化している」業務や、「データ加工処理の内容が毎回同じ」業務は、後述する「自動化」に分類されるノーコードを活用すれば代替されます。

もう一つは「定型化したプログラミング業務」です。わかりやすい例だと、ＳＮＳや検索結果サイトで表示されるリンクをクリックしたら縦長の商品ページを表示させるといった、シンプルなランディングページのプログラミング業務です。ランディングページに限らず、ウェブサイトのコーディングは、アニメーション動作や複雑なデザインを表現する部分を除いて、半分以上が定型作業の繰り返しです。

作業は定型化しているものの、新しいウェブサイト制作のニーズはどんどん高まっています。日本では２０１９年にインターネット広告費がテレビ広告費を追い抜き、その差はどんどん広がるばかりです。インターネット広告では、広告のリンク先としてランディングページというウェブサイトが必要です。またランディングページは、紙のチラシのように一回作ったら繰り返し使えるものではなく、画像や文言、デザインを複数作成し、商品やサービスがより購入されるものがどれか仮説検証します。そのため、広告一つに対して、膨大なランディングページが必要になります。

それ以外にも会社の公式ウェブサイトや商品の公式ウェブサイトもあります。公式ウェブサイトがないと組織の信頼性が担保できない現代において、新しいデザインのウェブサイトが求められます。少なくとも3年に一回は、作り直す会社や商品も多いです。これらは安定的に需要があり、そのたびに定型作業が発生します。

ウェブサイトだけではありません。サンプルプログラムをコピペして動作させているような定型作業も含まれます。例えば事務作業的な例でいうと、CSVを取り込んで加工するエクセルマクロや、特定のウェブサイトから情報を自動で取得するグーグル・アップス・スクリプトなどがあります。ウェブアプリやモバイルアプリでも同じようなことがいえます。例えば、ボタンを配置してデータベースを読み込んで、特定の条件で一覧表示させる処理や、入力欄に情報を入力して保存ボタンを押したら、データが保存されて完了メッセージが出る処理、クレジットカード決済処理や退会処理など、同じ機能が世界中で並行してたくさんプログラミングされています。

上記のような「定型化したプログラミング業務」は、後述するウェブデザインやタスク自動化に分類されるノーコードを活用すれば代替されます。

ノーコードで代替されない技術は何か

ノーコードで代替されない仕事とは、なんでしょうか。機械学習や深層学習を含む、人工知能（AI）などの先端技術はノーコードで代替されないのでしょうか。IoTやロボット技術などハードウェアを含む技術はノーコードで代替されないのでしょうか。そんなことはありません。

AIであれIoTであれ、「定常的IT業務」や「定型化したプログラミング業務」はノーコードで代替されます。実際に代替されるノーコードツールが国内外でリリースされていて、マウスクリックだけで、学習モデルを作成してデータを分析したり、センサーでデータを取得したりすることが可能になっています。

代替されない技術とは、その反対に「非定常」で「非定型」の業務に必要な技術です。

例えば、自動運転技術があります。運転する技術は非定常で、非定型なものです。他の車や歩行者、信号や車線、スピードや経路など複雑な条件を一瞬で判断して動作をし、それを運転中ずっと継続しないといけません。このような複雑な条件から正解を出し、動作に反映するような技術は、非定常で非定型といえます。

ただし、現時点においては代替されない技術ですが、将来的には「定常化」「定型化」され、自動運転技術を活用して、ノーコードで車両や物体を操作する技術が出現する可能性があります。これはすなわち技術のコモディティ化であり、前述のプログラミングの歴史と同じく、一般の誰もが扱える技術になっていく道をたどります。技術の進化において、誰でも扱えるものになるというのは宿命であり、むしろ誰でも扱えるようになることが技術普及のゴールともいえるのです。

ノーコードによってエンジニアはどうキャリアを積むべきか

ＩＴ技術職である限り、技術の進化を追いかけて磨き続けなければいけません。ＩＴ業界の変化の早さを犬の成長の早さになぞらえて、ドッグイヤーといわれていました。しかしこれは９０年代の話です。現代のＩＴ業界は、さらに進化の速度を増し、5年もすればコモディティ化される技術が多いため、もはやドッグイヤーでは遅く、モルモットイヤーくらいになっています。

この中にあって、ノーコードが出現することで、ノンエンジニアのビジネスパーソンが後方集団から押し寄せてきます。「定常的ＩＴ業務」や「定型化したプログラミング業務」は単価が確実に下がりますし、そもそもプログラミングをする価値が失われてきます。エンジニアが生き残る道は「非定常」で「非定型」の業務になっていきます。

これは必ずしも悲観することではありません。あなたがもしＩＴエンジニアなのであれば、技術志向のキャリアを積みたいと考えていると思います。しかし、会社がそれを認めず、技術的なレベルが低い、誰でもできる作業をやらせていることはないでしょうか。自分がやらなくてもいい作業を、ＩＴが得意だからという理由ですべてを引き受けていることはないでしょうか。特に会社の情報システム部門の方々や、小さい企業でＩＴ担当をしている方々からは、ＳＮＳ上でこういった悲鳴が毎日のように見受けられます。

個人の明るいキャリア構築の意味でも、会社の経営資源を最適化する意味でも、「定常的ＩＴ業務」や「定型化したプログラミング業務」はノーコードに任せ、ＩＴエンジニアには、「非定常」で「非定型」の業務をしてもらうほうがいいのです。

技術は進化し続けるので、本書でどの技術が「非定常」で「非定型」であるかを定義することは難しいですが、ＳＮＳや技術コミュニティで流行している開発言語やクラウドインフラについて、常に情報収集し、市場価値の高そうな技術を取得し続けていけば、ノーコードでＩＴエンジニアが代替されるということは全くありません。クラウドのブーム、ＡＩのブームのたびにＩＴエンジニアが不要になると煽る人たちが一定数いますが、結果は現在の状況が証明しています。技術が進化する限り、そしてＩＴエンジニアが技術を進化させる限り、ＩＴエンジニアが不要になるということはありません。

Section 4

ノーコードの分類と特徴

ノーコードは、さまざまな機能や特徴を持ったツールの総称です。全く同一の機能を持つノーコードツールというのは一つもありません。そして、一つひとつのノーコードツールは特徴が違います。本節では、各ツールを機能や役割ごとに大まかなグループに分類し、それぞれの特徴について説明します。

ウェブデザイン系

最初の分類は、「ウェブデザイン」です。プログラミングでいうところの、フロントエンドにあたります。ＨＴＭＬやＣＳＳ、アニメーション動作を担当するジャバスクリプトなどがそれにあたります。ウェブデザインを担うノーコードツールは、画面上で好きな画像やロゴ、文字をマウス操作で配置し、保存するとウェブサイトとして公開される機能を持っています。さらにはブログを書けるような機能（CMS）を備えているものもあります。

ウェブデザインといっても、画像やロゴなどのいわゆるイラストやクリエイティブは作れないことが多いです。そのため、フォトショップやイラストレーターのように従来デザインやクリエイティブ制作を担当していたツールは引き続き使用する必要があります。

ウェブデザインの分類で一番先行しているツールが「ウェブフロー（Webflow）」です。ウェブフローは2013年にアメリカのサンフランシスコで誕生したノーコードツールです。操作感はほとんどパワーポイントのスライド作成と同じで、ウェブサイトを構成するさまざまな部品群の一覧から、好きな部品を選択し、白いキャンバスに配置していきます。写真やイラストは事前に準備し、アップロードして指定します。部品配置を繰り返していくとスライドが完成するように、ウェブフローでも配置の繰り返しでウェブサイトが完成します。

スライドにアニメーションがあるように、ウェブサイトにもアニメーションがあります。スクロールしたら少し遅れて表示される文字や、マウスを重ねると大きくなるボタン、スクロールを進めると、後ろ側にある画像が時差表示されて画面に奥行きを感じさせるパララックス効果など、多種多様なアニメーションやエフェクトがあります。これもウェブフローで設定すれば、プログラミングすることなく表示できます。

また、ウェブデザインのツールにもかかわらず、ＣＭＳ機能があります。みなさんがよく見るブログやウェブメディア、ニュース記事は、同じデザインで記事内容だけが違っていますね。その機能を実現するのがＣＭＳ機能です。画面に表示する文章や文字情報のみをデータベースに保存し、作成済みのウェブデザインに反映する仕組みです。ウェブデザインと文字情報はセットで使われるので、このような簡易なデータベース機能を持つノーコードツールも少なくありません。

ウェブフローが他のウェブデザインツールと大きく違うところは、デザインした内容をすべてＨＴＭＬとＣＳＳファイルに出力し、ダウンロードできる点です。ノーコードツールに限らず、クラウドのサービスで懸念されるのは、サービスの停止です。システム不具合による一時的な停止はもちろん、サービスそのものがなくなって恒久的に停止するということも少ないながらもありえます。その点、ウェブフローはウェブサイト全体をダウンロードできるので、それらのファイル群を別のサーバーで動かすことも可能です。事業継続性の観点から、海外でもこの機能は喜ばれているようです。

ウェブフローは高機能な反面、ＨＴＭＬやＣＳＳを学習していないと使いづらいという難点もあります。ＨＴＭＬやＣＳＳの仕組みや、ジャバスクリプトでどういうアニメーションを実現できるかまでは把握しているが、コードを書けるほどのスキルや時間がないという方向けです。ウェブサイトのプログラミングは知らないけど、細かいデザインにこだわりたいし、そのためなら多少複雑な操作でも必要な知識なら学習するという方には、「スタジオ（STUDIO）」をおすすめします。スタジオは本書の第4章にて機能や事例を紹介しています。ツール操作に必要な知識は最小限でよくて、とにかくウェブサイトを作りたい、という方には「Ｗｉｘ」や「ペライチ」をおすすめします。Ｗｉｘは会社や団体の公式サイトのような複数ページにわたるウェブサイトを作るのにおすすめです。ペライチは、商品やサービスのウェブサイトでよく見る縦長一枚のランディングページの作成に適していますす。ちなみにＷｉｘも、ウェブフローに近い高機能型のノーコードツール「エディターＸ」をリリースしているので、ぜひ使ってみてください（本書執筆時点ではベータ版）。

データ管理系

ウェブデザインは画面表示の部分を担いますが、画面から入力された情報を保存する機能や、画面表示に必要な情報だけを取り出す機能は、データベースが担います。二つ目の分類は「データ管理」です。データを管理するノーコードは昔からたくさんあります。例えばエクセルがそうです。表形式でデータを管理でき、一部は数式で自動計算もできます。PCで作業するときにデータを管理しようとすると、まずはエクセルを立ち上げる方も多いのではないでしょうか。もう一つ類似ツールとして、グーグル・スプレッドシートがあります。こちらはエクセルより新しい表計算ノーコードツールで、新興の企業が利用していることが多いです。

しかし、エクセルではデータ間の関係性が表現できなかったり、アクセス権限を細かく設定できないため、重複があったり誤って削除してしまったりすることもあります。これらを補完するために、ウェブアプリでは関係データベース（ＲＤＢ）が使用されます。ＲＤＢを使用することで、顧客番号が重複して入力されたらエラーとして検知したり、商品番号を入力したら例えば商品情報とともに注文情報を管理したりできるようになりました。よくあるウェブアプリの機能です。

しかし、ＲＤＢはノーコードではありません。プログラミングをしてデータを保存したり、参照したりする必要があります。ここで登場するのが「エアテーブル（Airtable）」です。

エアテーブルは、２０１３年にアメリカ・サンフランシスコでスタートしたツールで、データ管理ノーコードツールでは最も有名でユーザーも多いツールです。エアテーブルは、エクセルのような見た目と使い勝手に、ＲＤＢのような機能性を持たせた、いいとこ取りを狙っています。表形式でデータを管理したり、データ間の関連性を持たせたりすることができ、例えば商品番号と商品情報を連携させる機能や、入力チェックももちろんあります。さらに、例えば記入日（日付）や説明（複数行文字列）などと列項目を指定すると、該当項目の入力画面が自動的に生成されます。画面表示もカレンダー形式やカンバン形式など、表形式以外の表示もワンクリックで可能です。単なるデータベースだけでなく、タスク管理や履歴管理もこれ一つでできるのです。

エアテーブルが生み出したデータ管理ノーコード市場は、現在多くのスタートアップが参入しています。エアテーブル自身も2020年9月に大規模な資金調達をし、時価評価額は3千億円に近づきました。データ管理はウェブアプリ全体の基幹となる機能なので、今後もより多様で堅牢なツールが出てくると期待されています。

タスク自動化系

ウェブデザイン系が画面表示、データ管理系がデータ保存の役割を担う中で、タスク自動化系ノーコードは表示とデータ管理の間にあるすべての処理を担います。具体例として、フォーム機能をイメージしてください。フォームの入力画面から、名前やメールアドレス、内容を入力し、送信します。その直後にデータベースに送信されたデータが保存されます。しかし、入力→保存の間で、送信内容をメールで送りたい場合、これまでのノーコードツールだけだと実現できません。自動メール機能は、画面にもデータベースにもないので、タスク自動化処理を入力→保存の間に設定する必要があります。

プログラミング経験がある方は、ビジネスロジックや処理ロジックといわれる部分をイメージしていただけるとわかりやすいと思います。例えば顧客データの誕生日から年齢を算出して保存するロジックや、顧客データを保存したあとに、メールマガジンリストや購入ポイントなどの複数のデータベースに登録するなどです。

タスク自動化は、画面Aからの入力データを加工して、データベースBやアプリCに保存する処理を行います。A・B・Cはそれぞれ別のサービス（プラットフォーム）です。それぞれ別々のサービスを連結する機能を提供するサービスなので、インテグレーション・プラットフォーム・アズ・ア・サービスを略してiPaaS（アイパース）と呼びます。

このiPaaSの領域で、古くからあるノーコードツールが「ザピアー（Zapier）」です。2011年にスタートしたアメリカ・カリフォルニア発のツールで、世界ではもちろん日本でもよく使われています。

例えば、Gメールで送信されてくる添付ファイルをドロップボックスに保存したいとします。Gメールの添付ファイルは送信先のメンバーしか閲覧できないため、チームや部門全体で閲覧可能にすることが目的です。ザピアーを使用しない場合は、Gメールで標準提供されているAPIに合わせて、添付ファイルを取得するプログラムを作り、その添付ファイルをドロップボックスに保存するために、ドロップボックスで標準提供されているAPIに合わせてプログラムを作る必要があります。これだと、ITエンジニアでなければ実現するのが不可能です。

ザピアーでは、画面に表示される「添付ファイル」を選択し、次の画面でドロップボックスのフォルダを指定するだけです。あとはGメールのログイン情報とドロップボックスのログイン情報を保存すると、実行開始となります。以降は、Gメールで添付ファイルつきのメールを受信するたびに、ドロップボックスに自動保存される仕組みが勝手に動作するようになります。

これ以外に、例えば注文メールを受信したら顧客データベース（CRM）に保存することなども可能です。この作業もコピペでやっている会社が多いはずです。あとはワードプレスでブログをアップしたら、フェースブックとツイッターに同時に投稿することもできます。これも手作業だと、意外とミスが多くて責任を伴う作業ですが、自動化で解決できます。

タスク自動化のiPaaS市場は、これまでにないくらい盛り上がりを見せています。これまでは単純作業を自動化するだけのツールと見られていましたが、今は顧客管理や受注管理などの基幹システムでも使われるようになってきています。クラウドが出現する前は、どの会社も自前でシステムを開発していて、さまざまな業務が一つのシステムで運用されていました。しかし、業務特化型のクラウドサービスが安価に安全に利用できるようになったことで、勤怠管理はサービスA、ECはサービスB、生産管理はサービスCというふうにシステムの分離が発生し始めました。この流れにあって、サービス間のデータ連携を担うiPaaSの重要性は、これまで以上に高まってきているのです。

オールインワン系

ここまで「ウェブデザイン」「データ保存」「タスク自動化」の三つの分類について説明してきました。ノーコードツールには、これらすべてを兼ね備えているオールインワン系というのもあります。オールインワン系のうち、主にウェブアプリ（ブラウザ経由で使用）の開発で使用されるものを、「オールインワン系ウェブ開発ツール」といいます。一方でモバイルアプリ（スマホ経由で使用）の開発で使用されるものは、「オールインワン系モバイル開発ツール」として区別します。

オールインワン系ウェブ開発ツールで一番有名なのは、「バブル（Bubble）」です。バブルは、２０１２年にアメリカ・ニューヨークでスタートした、ウェブアプリの標準的な機能を開発できるノーコードツールです。画面デザインは、ボタンや表データ、ファイルアップロードや文字などの部品群から、必要なものをドラッグ&ドロップしていけば完成します。データ部分を担当するデータベース機能では、必要な項目を作成し、データ間の関係や保存するデータ形式などを設定します。最後は、タスク自動化の部分です。例えば画面デザインに名前入力欄と送信ボタンがあるとします。この送信ボタンに対して、ワークフロー（Workflow）という、ユーザーがそのボタンを押したら、どのように振る舞うかという定義を設定できます。例えば、名前データをデータベースに保存するという定義を行うことで、実際に動作させることが可能です。

オールインワン系モバイル開発ツールで一番有名なのは「アダロ（Adalo）」です。アダロは、２０１８年にアメリカ・セントルイスでスタートした、モバイルアプリの標準的な機能を開発できるノーコードツールです。バブルと同様に、ボタンや入力フォーム、一覧表示や文字などの部品群から必要なものをドラッグアンドドロップしていけば完成します。データベース機能もあり、ボタンを押したら適切な保存先にデータを格納する自動化処理機能もついています。モバイルアプリに対応しているので、完成したアダロアプリをｉＯＳやアンドロイドで動作する形式で保存ができます。保存したファイルをアップ・ストアやグーグル・プレイにアップロードして審査を通すことで、モバイルアプリとして公開することができます。

アダロが弱いところは、ＧＰＳやジャイロセンサー、カメラ機能などのスマホ標準機能にアクセスできないところです。もしこれらの機能が必要な場合は、本書では詳述しませんが「サンカブル（Thunkable）」や「アップガイバー（AppGyver）」などを調べてみるとヒントが見つかると思います。

オールインワン系特化ツール

オールインワン系の中には特化ツールという分類もあります。ウェブデザインとデータ保存、タスク自動化の機能を備えているものの、前述のオールインワン系ツールと比較して、特定の業務や業種、用途に特化しているノーコードツール群のことです。

特化ツールはたくさんあるのですが、わかりやすい代表例は「ショッピファイ（Shopify）」です。ショッピファイは２００６年にカナダ・オタワでスタートした自社ＥＣサイトを構築するノーコードツールです。ＥＣサイトに必要なカート機能（商品を選択して購入かごに入れる機能）や決済機能、運営側が使用する注文管理機能などが標準で提供されていて、デザインや表示項目などをマウスクリックで簡単に設定変更できます。ここまでだとアマゾンや楽天市場、ヤフー！ショッピングといったモール型サイトと変わりません。しかし、ショッピファイには「アプリ」という機能があり、例えばメルマガ機能やＬＩＮＥ連携機能、ユーザーがどのような導線で購入に至ったかを追跡管理できる機能など、販売マーケティングに必要な機能を自由に追加できます。それ以外にもデザインを変更したり、在庫管理を効率的に行ったり、ＳＮＳと連動して広告を出稿したりなど、執筆時点で５千を超えるアプリが利用可能です。

ショッピファイが既存のＥＣサイト構築ツールと区別されて、特化ツールといわれるのは、このアプリ機能のおかげです。これまでであれば、モール型のＥＣサイトで提供されている機能をそのまま使用するか、自社でシステム開発をしてＥＣサイトを構築していました。しかし、ショッピファイを使用すればノーコードで機能拡張も自由にできるのです。

ここまでノーコードツールの分類として、「ウェブデザイン」「データ管理」「自動化処理」「オールインワン」の４種類を紹介しました。次章以降では、この分類を使用してツール

ノーコードツールの分類

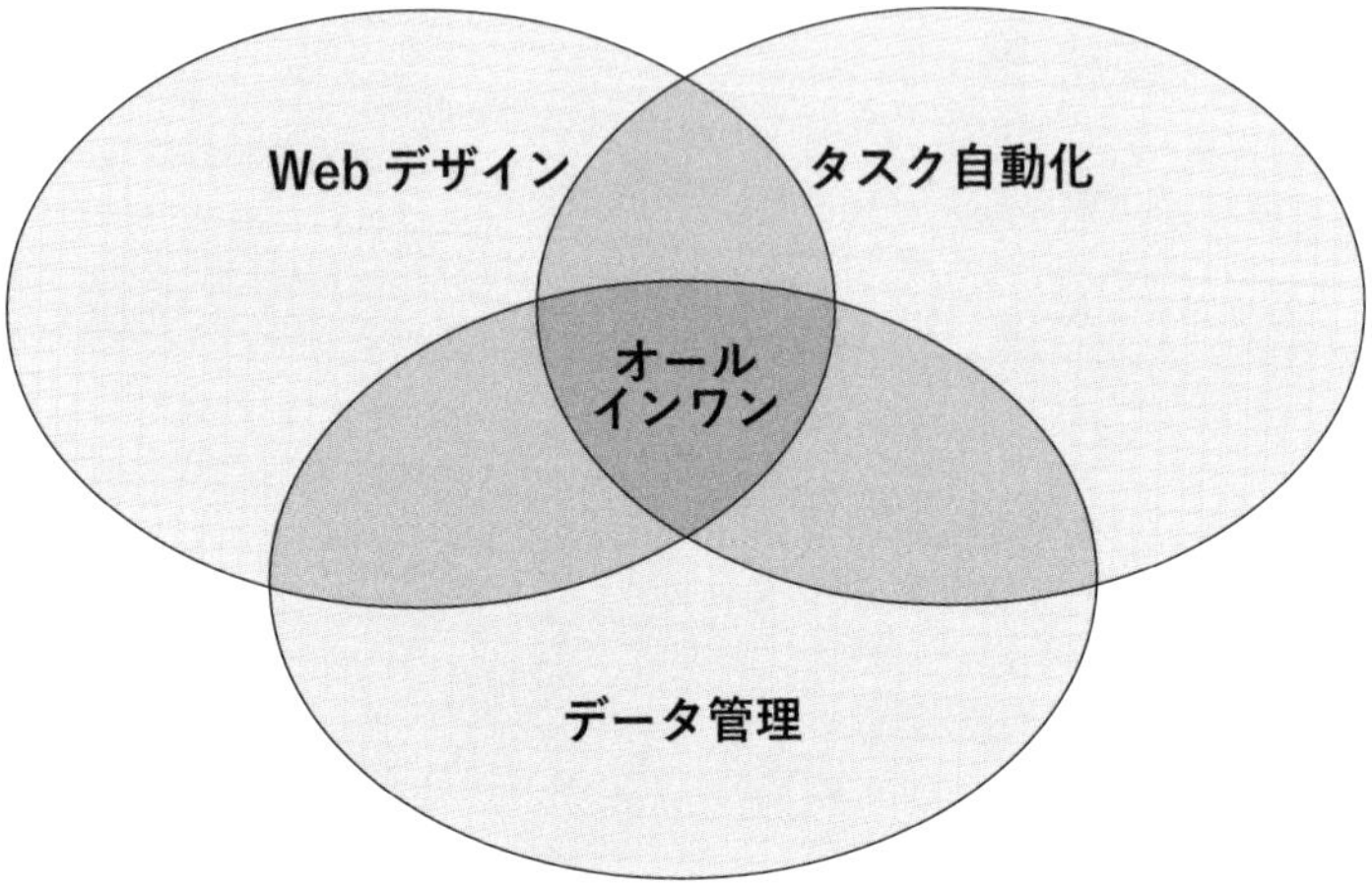

を紹介していきます。

CHAPTER 02

ノーコードをどのように導入活用するのか

ノーコードのメリット

ノーコードツールを実際に導入活用していくにあたって、導入することの「メリット」と「デメリット」に加え、「導入で検討すべきステップ」について説明します。

速いスピード

ノーコードはスピードの速さが大きなメリットです。プログラミングをしないので当たり前といえば当たり前なのですが、余計なことを考えずに作りたい機能をアプリに実装していくことが可能です。どれくらい速いのか例を挙げると、例えば、みなさんもご存じの「メルカリ」のサービスを作りたいとします。全機能は難しいので、出品機能、商品閲覧機能、チャット機能、購入機能という基本的なマーケットプレース機能を実装するとします。この用途には、特化型ノーコードツールの「アルカディア（Arcadier）」や「シェアトライブ（Sharetribe）」が適しています（詳解しませんので、ネットで検索してください）。これらのノーコードツールを使用すれば、約1時間で機能を実装できます。

左記の例は消費者向けのサービスですが、企業で使える例も紹介します。例えば、顧客情報をエクセルで管理しているとします。しかし、エクセルでは複数人で共有することが難しい上に、顧客情報に対してコンタクト履歴を記録できません。また、複数人で上書き更新してしまって前の入力情報が消えたり、そのエクセルを保存しているPCが壊れてデータ自体がなくなったりする事故もありえます（エクセルあるあるですよね）。こういう状況には「キントーン（kintone）」が活用できます。キントーンは、データ保存系ノーコードに分類される国産のクラウドデータベースツールです。前章で紹介したエアテーブルと似た機能を持っていますが、一番の違いが日本語表示である点です。会社内で使用する場合、日本語か英語かは導入ハードルがかなり違うので、ここでは日本語のキントーンをおすすめします。キントーンは、エクセル業務をクラウド化するには最適なノーコードツールです。顧客情報管理の例では、おそらく30分で基本項目の設定が終わります。そこから条件ごとの一覧表示、いわゆるフィルター機能をつけたり、履歴を残すコメント欄をつけたりして、２時間もあれば使える状態になります。

ノーコードツールの最大のメリットは、速いということです。それもちょっと速いのではなく、別次元の速さで実装することができます。

柔軟性

ノーコードツールは、柔軟性の高さも魅力です。ここでいう柔軟性とは、基本機能以外の追加機能の多さ、オプション機能の多さのことです。競争環境や法律などの外部環境の変化によって社内業務が変化するため、ほとんどのＩＴシステムは、導入時点の機能のまま数年先も使用できるということはありえません。そのため必ずカスタマイズという作業が発生します。しかし、例えば外部に外注したシステムだと、毎月少なくない金額を発注してカスタマイズしてもらう必要があります。しかも、完了まで数カ月かかることもあります。

ノーコードはこのあたりが非常に柔軟にできています。そもそも基本機能だけを数年先まで使用する設計にはなっておらず、何らかの追加機能を使用しながら自社に合うようにカスタマイズしていきます。さながら自家用車の購入に近いわけです。例えば前章でお話ししたECノーコードツールのショッピファイは機能を追加する「アプリ」が5千を超えています。5千もあれば、私たちが思いつく機能はほぼ誰かがアプリ化しているので、あとはワンクリックでインストールし、設定をすれば実装完了です。

さらに、ほぼすべてのノーコードツールは、APIを備えています。基本機能でもオプション機能でも実装できない機能があれば、「APIというデータ連携できる仕組みを用意しているので、自分で機能を開発してくださいね」という方針です。iPaaSを使用すれば、この部分もノーコードで実装できます。

ノーコードを継続的に活用するためには柔軟性の高さは必須です。柔軟性を実現する仕組みはツールによって呼び方が違います。追加機能、拡張機能、オプション、プラグイン、エクステンション、API、データ連携などの用語があれば、柔軟性が担保されていると考えていいでしょう。

学習コストが低い

ゼロからプログラミングを覚えて、自分でウェブアプリやモバイルアプリの開発スキルを身につけるためには、短くとも半年はかかります。簡単な業務改善ツールならまだしも、複雑な業務システムを開発するなら5年、10年の経験あるベテランエンジニアが必要です。それだけプログラミングの学習コストは高いです。だからこそ、これまでITシステムは会社の重要な資産にもかかわらず、社内で人材が育成しづらく、外注業者に頼っていた歴史があります。

しかしノーコードツールであれば、この学習コストが大きく下がります。

例えば、ウェブデザインのノーコードツールであれば、ほとんどのツールにテンプレートが用意されています。このテンプレートを活用し、文字情報や画像だけを入れ替えれば、誰でも簡単にウェブサイトを公開することができます。HTMLやCSSの知識やサーバーなどの知識も不要です。ただし、学習コストの低さと柔軟性は、相反する面があります。同じウェブデザインツールでも、ウェブフローなどは柔軟性が高く、プロのデザイナーでも満足して使える機能が豊富ですが、プロではない方が使うにはハードルが高めです。HTMLやCSSの仕組みを知らないと設定できない部分が多々あるからです。

実際にノーコードを活用する方の技術レベルと、ツールが求める技術レベルに差がある分だけ学習コストが発生するので、できるだけ差異がないようにツールを選定していく必要があります。この点については次章以降で紹介します。

ダメな伝言ゲームの例

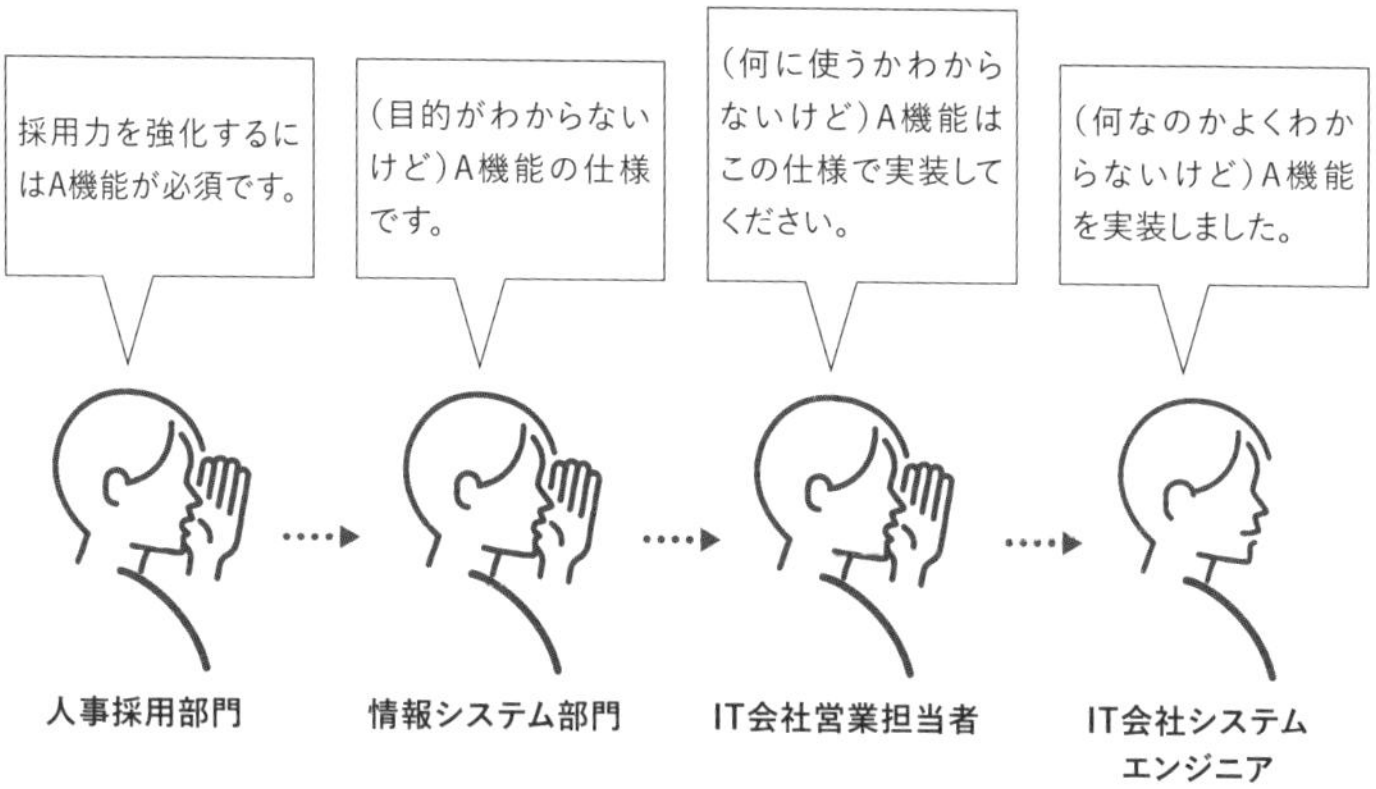
採用力を強化するにはA機能が必須です。
（目的がわからないけど）A機能の仕様です。
（何に使うかわからないけど）A機能はこの仕様で実装してください。
（何なのかよくわからないけど）A機能を実装しました。
人事採用部門
情報システム部門
IT会社営業担当者
IT会社システムエンジニア

社内人材を活用できる

学習コストの低さに関連しますが、ノーコードであれば、プログラミングやゼロからシステム開発ができなくても、社内の人材を活用できます。さらにいえば、もし社内に情報システム部門があったとしても、それ以外の現場部門の人材を活用することが可能です。これには大きなメリットがあります。それは課題を感じている人が、解決するための仕組みを作ることができるところです。

このメリットを知るのに一番わかりやすい例が「伝言ゲーム」です。例えば、社内の人事担当者が採用候補者の管理をしたいとなったとき、その要望を社内にある情報システム部門、またはＩＴ担当者に説明し、ＩＴ担当者はそこから発注先のシステム開発会社の営業担当者に伝え、営業担当者が実際に開発するシステムエンジニアに要望を伝えます。この伝言ゲームの中で、人事担当者のやりたいことが間違って伝えられて、結果的に欲しいシステムが手に入らないという問題が起きます。これはみなさんの会社だけで起きているわけではなく、全国津々浦々で発生しています。

ノーコードツールがあれば、人事担当者が自分で採用候補者を管理する仕組みを作ることができます。もしくは、適切なクラウドサービス（ＳａａＳ）を探して導入することも可能です。さらに担当者が自ら導入するメリットとしては、業務が変更されたり、社内外のルールが変更されたりした際に、誰かに頼まなくても自分たちで修正変更もできるということです。ノーコードツールが今後たくさん出てくる状況において、必要なのはＩＴ専門職の人材を新規で採用することではなく、各部門に１人以上のノーコード担当者を育成するというふうに、人材マネジメントに対する考え方も変化しつつあります。

精神的負担の軽減

多くの事務処理作業を担う方々は、作業の単調さに反して重い責任を負っています。その代表例は給与計算です。給与計算では、まず勤怠管理システムから今月分の勤怠データをダウンロードし、給与計算をして経理に回します。給与は従業員にとって生活の糧ですので、金額は少しでも違ってはいけません。しかし、勤怠データを手作業で加工したり、計算を手作業で行ったりしていると、人間がやる作業である限りはミスが起きます。さらにミスが発生しないように複数人でチェックをしていたりします。勤怠管理がタイムカードであれば、紙からエクセルに転記する際のミスなど、さらに落とし穴が増えます。経理業務でも同じことがいえます。取引先に請求書を出し忘れたり、エクセルの計算がずれていて月次決算の数字が大幅に違ったりなんてことが発生しうるでしょう。

自動化処理のノーコードツールを使用すれば、勤怠管理システムと給与計算システムを直接データ連携させることができます。給与計算から経理システムも同じです。これにより人為的なミスが大きく軽減するとともに、担当者の毎月の精神的負担も大きく軽減されます。できて当たり前、できないと減点となる作業はできるだけ自動化して、ノーコードに任せていけば、働き方環境の改善にもなります。そこに携わっていた人間を、より大きな付加価値を生む「できたら加点」の業務に振り分けられるからです。

初期導入費用が安い

多くのクラウドサービスと同じく、ノーコードツールも初期導入費用が安いです。多くのツールでは、無料プランや無料お試し期間が準備されていて、まずは触ってみることが可能です。ノーコードツールは、スタートアップ企業がプロトタイプで使用することが多いのですが、これはプログラミングをすると少なくとも数百万円以上かかるコストを、数万円から始められるからです。

業務システムでも同じことがいえます。エクセル業務の一部分だけをまずは自動化してみて、うまくいけばその他の業務に拡大していくことも可能です。自動化する業務が増加しても、一つ上のプランに変更するだけなので、新しい環境に移したり、設定し直したりする必要がありません。

一方で、このメリットを最後に持ってきた理由は、しっかり使い始めるとそれなりのコストがかかるからです。例えば、数百ページになるウェブサイトをノーコードツールに移設しようとすると、これまで以上のコストがかかります。また、自動化処理においても、簡単なものであればプログラミングだけ外注したほうが安く済む可能性があります。ノーコードだから必ず安いわけではないので、しっかり利用料金を計算して検討しましょう。

Section 2

ノーコードのデメリット

一方で、ノーコードのデメリットは何があるのでしょうか。筆者がノーコードのプロジェクトを推進する上で、お客様や利用者の方々から心配なこととしてよく相談されるもののうち、主要なものをご紹介します。

できることが決まっている

ノーコードツールはどれも柔軟性高く設計されています。しかし、プログラミングするようになんでもできるわけではありません。各ツールには設計思想というものがあり、どのような用途だと適しているのか、どのような使い方だと一番効果的なのかが、ある程度決まっています。顧客管理システムに経理業務をさせるのが無理なことはすぐにわかることですが、ノーコードツールでも、仕様を詳細に理解しないままにツール選定をしてしまうと、同じような悲劇が起きます。

これまでのクラウドサービス（ＳａａＳ）と同様のデメリットですが、ノーコードツールでも同じことがいえますので注意してください。

サービス停止のリスク

ツールのサービス停止には、サーバーやネットワークなどインフラの不具合による一時的な停止と、事業継続が不可能となってツールの提供自体が終了する恒久的な停止の、２種類のリスクがあります。この両方ともノーコードツールではリスクになります。

一時的な停止については、アマゾンやグーグルでも発生するので、ノーコードツールに限った話ではありません。サービス停止が発生したときは、サービスが復旧するまで待つしかありません。筆者がこれまで経験した一時的なサービス停止は、最長でも数時間程度です。そのため、数時間の停止が顧客に大きく影響し、会社に大きな損失が出るような業務には、ノーコードを使用してはいけません。

恒久的な停止についても、クラウドサービス全般で懸念されるリスクですが、ノーコードツールの場合、クラウドサービス（SaaS）と比較して、運用開始までの作り込みの時間が長い上に、代替ツールが存在しないなどの特有のリスクがあります。例えばチャットでプロからカウンセリングを受けられるSNSアプリをノーコードで作ったとします。そのノーコードツールがなくなると、代替ツールを探して実装し直さないといけません。ノーコードといっても複雑なアプリを作ると数十時間かかる場合があるため、簡単に代替できるわけではありません。

しかし、この恒久的なサービス停止リスクを回避する方法が二つあります。一つは、ソースコードをダウンロードできる機能があるツールを利用する方法です。この機能を備えているツールはまだまだ少ないですが、前章でご紹介したウェブフローは作成したウェブサイトをすべてソースコードでダウンロード可能になっています。バブルも、もしツールのサービスが恒久的に停止する場合はソースコードをすべてユーザーに引き渡すことを明記しています。ただし、このようなツールはまだまだ少なく、リスクは完全にはなくなるわけではありません。

もう一つの方法は、ツール選定の際に、3年以上運用されている実績があるものを採用する方法です。ノーコードツールは、毎月ペースで雨後の筍のように新しいツールが登場します。新しいツールは既存ツールより使い勝手や機能がよく、価格も安い場合が多いので、どうしても新しいツールを使用したくなります。しかしあまりに新しいもの、例えばベータ版（試用版）で運用されていたり、本運用が始まって半年しか経っていなかったりするものは、サービス停止のリスクが大きいです。一方で3年以上運用されているか、多額の資金調達をしているツールであれば、安定して利用できるでしょう。最もグーグルやヤフーのような大企業でも、採算が取れないサービスをきっぱりやめてしまうこともあるので、完全な対策にはなりません。しかし、リスクの大きさでいうと、新しすぎるツールは、基幹システムや長期で運用するサービスには合わないといえます。

セキュリティ

インターネット上のサービスを使う限り、情報漏えいを含むセキュリティリスクはどうしてもつきまといます。セキュリティリスクと利便性は常に反比例します。極端な例でいうと、インターネットへの情報漏えいを完全に防止するためには、紙で保管するのが一番ですが、利便性は最悪です。一方で利便性を追求してログイン操作さえ不要なサービスを使用すれば、保存データは誰でも見られる状態なのでセキュリティは最悪です。ノーコードツールを活用する際は、セキュリティ対策と利便性のバランスが非常に大切になります。

セキュリティリスクと利便性については、ケースバイケースなのでここで最適解を述べることは難しいのですが、どのケースでも共通していえることが二つあります。

一つは、セキュリティやプライバシー認証を取得していることです。国際認証であるISO 27001／ISO 27017認証やPCI DSSを取得しているか、GDPRに対応しているか、国内ツールだとPマークなどの国内認証を取得しているか、を調査することです。これらの認証を取っていれば、一定以上の水準でデータマネジメントを行い、データセキュリティを担保しているといえます。

もう一つは、各ツールで設定できるプライバシー設定やアクセス権限などを、確実に実施することです。例えばデータへのアクセス権限は、初期設定だとAPI経由でもアクセス可能になっているツールもあり、注意が必要です。

特にオールインワン型のノーコードツールでは、アプリ開発の自由度が高いので、データセキュリティの設定も私たちがしっかりと行わないといけません。オールインワン型のノーコードツールを利用する場合は、ウェブ開発の知識が一部必要となってきます。アクセス権限以外の設定でも、例えば「表示に不要なデータをむやみに取得しない」などです。1人のユーザーの詳細画面を表示する際に全員のデータを取得してくる必要はありません。万が一ツールに不具合があって、ソースコードを見たら全データが閲覧可能になっていれば、セキュリティ問題になりえます。必要最小限のデータだけ取ってくる、というのは、プログラマーなら当然考慮すべき事項です。このようにオールインワン型ノーコードツールでセキュリティを確保するには、基礎的なプログラミング知識が必要とされます。

デメリットをしっかり伝える

ノーコードツールを紹介したり、導入商談を行ったりするときは、どうしてもメリットばかりを訴求しがちです。それだと、利用が始まった段階でデメリットが露見して、トラブルになりかねません。特にトラブルになりやすいのは、「できることが決まっている」点です。ノーコードは仕様がはっきり決まっているので、できないことはできません。できないことがある場合は、顧客や社内決裁者に対して「できません」といって、承諾してもらう必要があります。もっというと「できないことを承諾してくれるくらい、ノーコードのメリット・デメリットを知っておいてもらう」ことがとても大切です。

顧客や社内決裁者は、過去の経験から「頑張れば本当はできるんでしょ?」という甘い目論見を持っています。だからこそ、強いくらいデメリットも訴求しましょう。制約があるからこそ、メリットが享受できるという理解を共有しましょう。

Section 3

業務用途のための5つのステップ

メリットやデメリットを把握した上で、どのようにノーコードを導入していけばいいか考えていきましょう。ノーコードの用途は、主に「企業が社内業務で利用する」用途と、「スタートアップや企業が社外向けの新規サービス開発ツールとして利用する」用途です。

本節では、「企業が社内業務で利用する」用途における、ノーコードの導入方法について、一般的なシステム導入プロセスのうち、特に留意すべき点を挙げてご説明します。

①業務範囲を明確にする

企業でＩＴシステムを導入する場合、どの業務のどの部分をＩＴ化するかをまずは選定します。これまでのＩＴシステム導入でも、ＩＴ化する対応業務の範囲を明確化して進めることが大切でしたが、ノーコードプロジェクトではこの部分がさらに重要です。なぜなら業務の範囲（対象スコープ）によって、利用できるノーコードツールがほぼ決定してしまうからです。それ以降はそのツールを前提に進めるため、もし途中で業務範囲が変更されると、ツール選定からやり直しになり、振り出しに戻ることになります。

複数の業務にわたって導入する場合もあると思います。その場合も、それぞれの業務を一つのシステムにまとめてしまわないことが大切です。つまり業務間のデータのやりとりはＡＰＩなどでやりとりできる（またはＣＳＶファイルでやりとりできる）ように、各業務をあえて独立したシステムにしておき、業務範囲をしっかり可視化します。これによって、Ａ業務に変更があっても他の業務に影響なくシステムを修正することができます。

ただしこの時点では、どのツールにするかは検討する必要はありません。あくまで業務の観点でどの業務をＩＴ化したいかという目的で、業務範囲を明確にしてください。また後述しますが、この業務範囲にぴったり合うノーコードツールが世の中にない場合に業務範囲を変更できますので、ツールについては意識する必要がありません。

②要件を明確にする

業務範囲が明確化したら、次に各業務の機能、つまり要件を明確にします。ここはこれまでのITシステム導入と同じプロセスです。ただし、ノーコードツールが決まると、あとで要件を追加変更することができないので、要件の洗い出しは慎重になる必要があります。要件の洗い出しにはこれまでの倍以上時間をかけて詳細に洗い出しましょう。

要件とは、ユーザーが使用する画面やメニューなどの「機能要件」、セキュリティやアクセス負荷、ツールのサービス停止時間などの「非機能要件」、さらに導入後どのようにノーコードを使うかの「運用要件」です。ノーコードプロジェクトでは自分たちで運用することでそのメリットを大きく享受できるため、導入後に日々どのようにツールを使っていくのか、誰が面倒を見るのか（オーナーシップ）など、「運用要件」がとても大切になります。

既存のシステム開発プロジェクトでは、運用要件を利用者側や導入企業が決めることはあまりありませんでした。システム開発会社側で運用方法をまとめたマニュアルを作り、利用者側の運用担当者が粛々とマニュアルに沿って運用していることが多いと思います。しかし、ノーコードプロジェクトでは、利用者が運用する前提で運用要件を設定しなければなりません。ノーコードツールは、利用者または利用企業が運用することで、メリットを最大限発揮できます。そうでないと、運用コストがこれまでと変わらない上に、柔軟性もなく改善し続けることができません。ノーコードツールの利用において、運用ノウハウは核となります。運用ノウハウから新しい活用方法が出て効率化が進み、スピード感を持って、低コストに運用することができるのです。

さらにそれらの要件に優先順位をつけます。この要件は必ず実装する、あの要件は今回のプロジェクトではマストではない、などを決めます。

③ツールを選定し、フィット&ギャップする

要件が整理できたら、ここからようやくツールの選定です。まずは今回の業務範囲が、どのノーコードツールの分類にあたるかを検討します。具体的には、広告用ウェブサイト運用の効率化であれば「ウェブデザイン」ですし、エクセル業務のオンライン化であれば「データ格納」です。もし給与計算と経理データ転送であれば、給与計算のSaaSと「タ

スク自動化」の連携です。

分類が決まると、そこから要件に合わせたツールを探します。同じ分類の中には、類似機能を持つツールがたくさんあります。国内でも数個、海外のものも入れると10近くあるものもあります。その中でなんとなく合いそうなものをいくつかピックアップします。

さらにそこからは、要件一つ一つが実現できるかをフィット&ギャップします。フィットとは、要件がツール機能に適合していること、ギャップとは要件がツールに適合していないことで、それを確認することをフィット&ギャップといいます。家電のカタログや価格比較サイトでよくあるような○×表を作るのがいいでしょう。縦軸に要件、横軸に候補ツールを記載し、どのツールがどの要件に適合しているかを一覧化します。○×表には、要件の優先順位も見えるようにしましょう。

○×表を作ると、おおよそどのツールが最適かがわかります。しかし、うまく適合しない場合もあります。×が多い場合、次のアクションは2通りあります。

一つは×が多い要件は別の業務範囲として切り出せないか検討します。別のノーコードツールで運用できないか考えるということです。×が多い場合は、そもそも業務範囲の切り出し方が大きすぎるということが考えられます。社内業務としては一連の流れでやっていることは正しいのですが、ノーコードツールの仕様に当てはめると、複数ツールで実現するべきということは往々にしてあります。この場合は、業務範囲を再定義し、最初のステップから再度丁寧にやり直します。

もう一つ、×がところどころにある場合は、「やめる」または「人間系の運用を残す」という判断をします。ノーコードツールを導入する場合、すべての要件や業務がきれいにすべてツールで自動化できるかというとそうではありません。あくまで汎用ツールとして誰でも80点くらいで使えるものなので、あとの20点はギャップが残ります。この部分が、もし、顧客へのサービスレベルに影響が出る場合は、サービスレベルを落として「やめる」か、手作業で対応するかです。例えば、決済ツールで郵便振替が使えない場合なら、郵便振替はやめるか、手作業でも対応するか、となります。郵便振替をやめるという機会損失コストと手作業でやるという人件費でバランスさせて、どちらがいいか判断します。

このように○×表にある要件がすべて○になるように、ツールと業務分割と手作業でフィットさせていきます。

④ロードマップを作る

ここまでで、どのツールを利用するかが判断できたと思います。次は、「どこまでを初回導入時にノーコード化するか」を決定します。対象とする業務範囲がすでに小さければ、そのまま全範囲をノーコード化しても問題ないですが、業務範囲が大きい場合はすべてをノーコード化するのはリスクを伴います。

ここがノーコードのいいところで、まずは最小単位の業務範囲でノーコードに切り替え、数週間運用してみて問題なければ、次の業務範囲（または機能）をリリースして運用することが可能です。利用者のＩＴリテラシーや業務を行う人数規模によるのですが、ＩＴリテラシーが高く、業務人数が少なければ、できるだけ段階的に移行していくとリスクが低いです。もし利用者のＩＴリテラシーが高くない、または業務人数が多い場合は、一貫したマニュアルを作成したり、利用説明会などを開いたりする必要があるので、移行コストが上がってしまって段階的な移行が難しくなる場合があります。筆者としては段階的移行をおすすめしますが、プロジェクトごとに移行リスクを見極めて判断する必要があります。

もし段階的移行ができる場合は、ロードマップを作ります。ロードマップとは、業務移行スケジュールのことで、どの業務をどのツールにいつ切り替えるかを可視化したものになります。これをなぜ作るかというと、移行途中で方向転換できるようにするためです。業務システムのノーコード化は、業務範囲が大きい場合や業務数が多い場合、半年から１年かかる場合があります。さらに移行途中で移行業務を入れ替えたり、対応するノーコードツールを変更したりする可能性もあります。ロードマップを作っておくことで、これらの変更に柔軟に対応できます。

ノーコードツールでの業務移行は、これまでのＩＴシステムやＳａａＳの導入に比べて、かなり直前まで変更が可能なので、どの業務をどのように移行しようとしているのかをプロジェクト関係者全員で見える化しておくといいでしょう。

⑤ＩＫＥＡ型ツール運用体制を作る

これでようやくノーコードツールを開発できる段階に達しましたが、先に運用体制を作りましょう。ここでいう運用体制とは、サーバーなどのＩＴインフラの運用ではなく、ノーコードを実際に業務で利用する人たちを選定することです。

なぜ運用体制を先に作る必要があるかというと、運用者が導入開発することがノーコードツールのメリットを最大化する大きなポイントだからです。これを「ＩＫＥＡ型ツール運用」と筆者は呼んでいます。なぜＩＫＥＡ型ツール運用がいいのか、理由は2点あります。

1点目はコスト削減です。ＩＫＥＡでベッドを買うと、持ち帰って自分で組み立てる必要があります。自分で組み立てるから価格が安くなっていますが、組み立ててもらうと作業費が請求されて、結果として普通のベッドより割高になります。ノーコードツールも同じで、自分たちで組み立てられる仕様になっているのに、それをあえて外注して作ってもらうと割高になります。

もう1点は、自社完結で運用改善ができることです。ＩＫＥＡにベッドを見に行くと、実際の寝室のような展示があって、他の寝具を見ることができます。自宅でベッドを一定期間使用してみて、寝心地や寝室環境を向上させようと思ったら、展示を思い出しながら、ＩＫＥＡに行って新たなものを購入します。この体験は、顧客が自分で購入してみて、組み立てて使ってみないとノウハウが得られません。同じようなことがノーコードツールでもいえます。開発者自身が運用して、他社事例やノウハウを学習しつつ、運用中に出てくる課題をツールに反映させて、業務を改善していくのです。

ＩＫＥＡ型というのは、シンプルにいうと「自分のことは自分でやる」ということです。自分でやることで自由に修正が利くし、安価になるし、社内にノウハウも蓄積するし、いいことずくめです。そしてこれは、誰しもが気づいていた事実です。ただノーコード以前は、人材の確保や技術を獲得する学習コストの高さのせいで、理想的とは知っていても実現するのが難しかったのです。

ノーコードを業務に導入するための検討例

業務	要件	Aツール	Bツール	Cツール	今回導入	運用者
無人店舗管理	オンライン入店鍵機能	○	×	×	来期	安藤
	訪問予約機能	○	×	○	○	安藤
	受付連絡機能	○	×	○	○	安藤
販売管理	クレジットカード決済機能	×	○	○	○	宮崎
	商品管理機能	○	○	○	○	宮崎
	在庫管理機能	×	○	○	○	宮崎

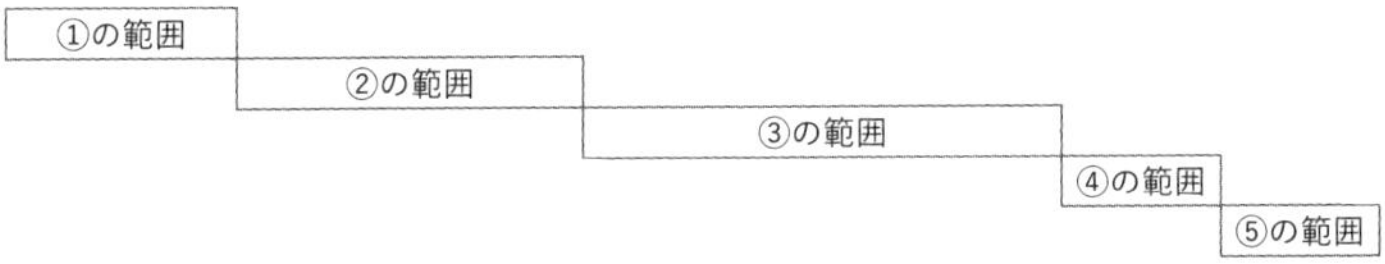

Section 4

新規サービス検証のための5つのステップ

前節では企業内で利用する業務システムでしたが、本節ではスタートアップや企業の新規事業開発部門（まとめてスタートアップとします）が、新規サービスを開発し、ニーズを検証して改善するためにノーコードを使う方法を、5つのステップに分けてご紹介します。事業の仮説検証では、リーンキャンバスなどといった有名なツールやフレームワークがありますが、ここではあくまでノーコードで検証する際の注意点を中心にお話しします。

①仮説を明確にする

これはノーコードツールを使用する、しないに関わらず非常に重要なことですが、MVPやプロトタイプ開発では、「仮説を明確にする」ことが大切です。多くのスタートアップは、潤沢な資金がありません。十分な時間や人材もありません。これらの制約の中で、プロダクトが解決する課題（ペイン）と解決策の仮説を決める必要があります。よく「ドミノの一つ目を見つける」といいますが、どんな大きな課題でも解決の最初の糸口は、とてもシンプルで簡単なものです。最初から複雑な仕様で進めると、ノーコードの速さと柔軟性というメリットが大きく失われるので、注意が必要です。

②検証したい内容を数値化して明確にする

仮説とした課題を検証するために、ノーコードで解決策を実装していく前に、検証したい内容を具体的に決めます。例えば、プロトタイプを使用することでユーザーの課題が可視化されるところまでを検証するのか、画面デザインやボタンの配置が直感的に使えるかどうかを検証するのか、などです。次に検証結果をどう客観的で定量的な結果にするかを決めます。可能であれば数値化しましょう。検証内容によっては、必要な検証データが取りやすいノーコードツールが変わってきます。極端な例だと、ある質問に対してユーザーがどのような情報を入力するのかを検証したければ、グーグルフォームでアンケートを作るだけでいいかもしれません。画面デザインの検証が目的であれば、きれいなUIが簡単に開発できて、データベースを持たないデザインツールでもいいでしょう。どのような検証結果を取得するかによって、利用するツールが違うので、あらかじめ明確にしておきます。

③成功とするしきい値を明確にする

仮説と検証、取得結果までが明確化すれば、あとは成功または失敗と判断するしきい値を決めます。失敗と判断する基準はもちろん、成功と判断して次の仮説を立てる基準も決めます。それに加えて検証期間も決めます。サンプル数が早く集まるなら1週間程度でいいかもしれませんし、時間がかかるのであれば数週間必要かもしれません。

プロトタイプ検証であれば、一つの仮説検証だけではなく、連続した複数の仮説を検証することが多いです。例えば、画面デザインを検証してチューニングができたら、次はデータ入力のユーザー体験を検証したい、などです。この場合、どこまでの検証を今回やるかを決めます。ノーコードツールでどこまでできるかを事前に決めておく必要があるためです。画面デザインだけの検証でいいのか、データベースも必要なのか、モバイルアプリ化して使ってもらうのかで、利用するノーコードツールが違います。

④ツールを選定し、フィットアンドギャップする

ここまで「検証したい仮説（課題と解決策）」「検証可能な客観的で定量的な数値」「検証結果を判断するしきい値」「検証期間」という要件が決まりました。ここから具体的なノーコードツールを選定し、要件と仕様をフィットアンドギャップしていきます。ツール選定については、前節の「業務用途のための5つのステップ」の当該項目とほぼ同じ内容なので、ここでは割愛します。

業務で使用する場合と、一つだけ違う点は、要件と仕様がマッチしない、すなわち○×表の×となる項目の対応方法です。新規事業の場合、先端技術を使用することが多いです。例えばＡＩを活用するとします。購入された商品をもとに機械学習でおすすめ商品をメールで送信する機能を検証したいとすると、プロトタイプ検証の時点で学習モデルを構築す

るのはノーコードツールでは難しいので×となってしまいます。そこで、この部分だけ手作業でやってしまいます。つまり機械学習ではなく、人間が手作業でおすすめ商品を抽出してメールを送るということです。もちろん機械学習モデルの検証にはなりませんが、おすすめ機能がどれだけユーザーに使用されるかを検証したいのであれば、これで問題ありません。

業務で使用する場合も、要件と仕様がマッチしない場合は、人間系で運用をカバーするということを述べましたが、業務利用の場合は永続的に運用しないといけないので、人間系での運用コストを想定する必要があります。しかし、プロトタイプ検証は短時間で一部機能だけを検証するという性質上、運用コストは考えず、最初から作らず、いい意味でだましてしまえるところは、ハリボテの状態で進めることが大切です。

⑤外部メンバーも入れつつIKEA型運用を

業務でのノーコード導入と同様、ノーコードツールのメリットを最大化するために運用者が導入開発します。いわゆる「IKEA型ツール運用」をすることで、コストを削減し、柔軟に運用改善ができます。しかし、業務利用とプロトタイプ検証は運用体制で大きな違いがあります。MVPやプロトタイプを検証するチームは往々にして少数精鋭のチームでメンバー一人ひとりが役割を超えてマルチスキル・マルチタスクで動きます。もちろんノーコードツール開発のプロではないので、開発に時間をかけることができません。そこでおすすめするのが、外部の有識者に入ってもらうことです。

それぞれのノーコードツールには、専門で開発している会社やフリーランスの方がいます。彼らに丸投げ発注することは、IKEA型運用から逆行するのでおすすめしませんが、彼らを外部アドバイザーやコンサルタントの立ち位置でメンバーに入れ、開発のスピードアップを図りましょう。もちろん多少コストはかかりますが、プロトタイプ検証はスピードが命です。社内業務で利用するなら長期間運用するので、ノーコードツールを詳細に学ぶことが大切です。しかしプロトタイプ検証の場合は、短期間の運用なのとツールの操作を覚えることがさほどメリットにならないので、スピードアップのために投資するのがよい進め方です。

CHAPTER 03

ノーコードは誰の何をよくするのか

Section 1

個人が使う場合

ノーコードツールを使うのは、新規事業を立ち上げているスタートアップ企業や大企業の業務システムを管理している情報システム部門だけではありません。ノーコードの恩恵を享受するのは、ありとあらゆる人たちです。この章では、いくつかに分類して、どのような属性の方がノーコードを活用するとその恩恵を受けることができるのかを説明します。まずは個人ユーザーから見ていきましょう。

これまでウェブサイトやアプリを作るとなると、チームを組んで複数人で進める必要がありました。まれに、1人のスーパーエンジニアやスーパーデザイナーがマルチスキルで開発していることもありますが、多くの場合はいいアイデアがあっても、1人でそれをウェブサイトやアプリにするのはかなり難しいでしょう。しかし、ノーコードを使えば、デザイン工程やプログラミング工程を1人で担うことができます。では個人でノーコードを使う場合、どのようなメリットがあるのでしょうか。

作りたいサービスを自分で作れる

普段生活をしていて、小さな困りごとはないですか？　例えば、半径1キロ圏内のテイクアウト可能な飲食店を知りたい。地域で子どもの面倒を見てくれるパパママやおじいちゃんおばあちゃんを知りたい。家にある日用品を在庫管理したい。歯磨き粉に特化したレビューサイトが欲しいなど……。サービスとして利益を出しながら運営するほどのものではないけど、あったら便利なものってたくさんあると思います。ノーコードツールを使えば、自分だけのオリジナルツールを作ることができます。

アイデアは誰でも思い浮かぶけど、それを実現するのが難しい、というような言葉を聞いたことがあると思います。実は多くの方が欲しているにもかかわらずビジネスにならないということで実現しないものも多いでしょう。しかし、個人で開発するのであれば、莫大な利益を生まなくていいし、例えば百人が便利になるツールを作るというだけでも人生の大きな意義になると筆者は思います。もしかしたら、バズってしまってビジネス化することができたり、いい副業収入になったりするかもしれません。

もちろんお金やニーズだけのメリットではありません。自分だけのサービスを作ることは、自己表現にもなります。例えば、気候変動の政府統計を読み込んで表示するアプリを作るとしましょう。無料配布で金銭的なメリットはないかもしれませんし、毎日使うものでもないでしょう。ただし、「私は環境問題に関心があります」という強いメッセージにはなります。例えば、誰かに自分のことを紹介するとき、名刺を渡す代わりにアプリの紹介をすれば、強く記憶に残ることは間違いありません。このようにノーコードを一つの自己表現の手段として活用することができるのです。

サービスを運用してスキルを証明する

せっかくウェブアプリを作ったなら、作って終わりではなく、しっかりと運用してみましょう。サービスの運用には、さまざまなスキルを活かすことができます。例えば、営業やマーケティングの仕事をしている方なら、アプリを紹介する広告を出してみて成果を分析してみたり、SNSで拡散してほしいユーザーに届けるよう取り組んでみたりできます。もし、接客の仕事をしている方は、サービスを利用するユーザーの問い合わせに丁寧に対応するサポートに注力するといいでしょう。学校や塾の先生を仕事にしていれば、サービスを作る方法を教える家庭教師を始めてもいいかもしれません。

このように、ノーコードを活用してサービスを自分のスキルで運用してみることで、自分のスキルを客観的に可視化することが可能です。IT職や士業のようなある程度客観的なスキル比較指標がある業種とは違い、営業やマーケティング、接客をする、ものを教えるといった仕事は比較しづらく、そのスキルを証明することが難しい業種です。さらに会社の「のれん」でスキルを発揮できているのか、個人のスキルのみで評価できるものなのかも判然としません。しかし、個人が自分の得意なスキルを応用してサービスを運用することで、純然たる個人のスキルを他人に証明してみせることができます。さらにこの実績やスキルは会社に依存しないため、転職や独立起業したとしても消えてなくなりません。

副業に活かす

前述の通り、ノーコードでは自分のスキルを活かして個人でサービスが運用できます。逆に、ノーコードで証明したスキルを副業に活かすことももちろん可能です。例えば、人事で中途採用を担当しているとします。ITの経験は全くありません。そこで中途採用のノウハウを副業で活かすために、キントーンというクラウドデータベースのノーコードツールを勉強します。中途採用業務を専任で配置できないけれど、採用拡大したくて困っている会社はたくさんあるので、ニーズ自体はあります。しかし、中途採用のスキル単独では継続的な副業にするのは難しいものです。一回ランチをしながらアドバイスして終わりの場合もあるでしょう。しかし、ノーコードツールを学習して副業に活用すれば、ワンショットのアドバイスではなく業務運用支援や業務体制の構築など仕組み全体の改善を、システムと一緒に提案できます。

この考え方はどの業務でも応用できます。接客をやっているならオンライン決済や顧客管理ツールを提案することもできますし、経理をやっているなら経費精算や会計ツールを提案できます。本業で利用者側として使っているからこそ、説得力のある提案ができるのです。

もし本業の専門業務がない方でも、利用者視点の気づきを活用してノーコードツールで副業をすることもできます。例えばオンラインショッピングで買い物をすることが多いなら、EC構築のノーコードツールを活用したオンラインショップの導入サポートにその知見を活かせます。きれいなウェブサイトが好きな方は、ノーコードのウェブサイト構築ツールを使えば、自力できれいなサイトを作って企業に販売することもできます。

これまで副業は、特定の明確なスキルを持つ方がやる、というイメージがありました。しかしこれからは、どの業種や職種でもノーコードツールを掛け合わせることで「専門領域で何かを作って納品する」という価値が発揮できます。

フリーランスが使う場合

フリーランスといえば、手に職をつけてそれ一本で稼ぐイメージがありますが、ノーコードが出てきてからそのスタイルも変化しています。フリーランスの定義が広いため、ここでは一社契約でインハウス的に仕事する形態は除き、個人事業主として独立して営業活動を行い、案件ベースで仕事をしている働き方を前提として説明します。

稼げるスキルを増やす

フリーランスの働き方で、収入源が一つだけだと、その収入源が絶たれると生活が非常に不安定になります。そのため、いわゆるセブンポケッツ、七つの収入源を持つことで収入のポートフォリオを組んでリスクを分散し、生活を安定させるべきともいわれます。これはなかなか大変なことです。不動産や株式に投資をしたり、全く別のスキルを磨いたりして新たな収入源にすることは、かなり器用な方でないと難しいでしょう。

しかし、ノーコードなら全く違うスキルを磨くのではなく、稼ぎ柱となっているスキルを「拡張」することで、稼げるスキルを増やすことができます。例えば、現在ウェブデザインの仕事をしていれば、ウェブ構築のノーコードツールを学べばワンストップでウェブ制作を行うことができます。もちろんＨＴＭＬ／ＣＳＳのコーディングを習得すればいいのですが、学習コストがかかるので二の足を踏んでいる方も多いと思います。ウェブ構築のノーコードツールを使えば、すべてクリックベースで制作でき、学習コストも抑えられます。もちろん一部デザインの制約があるため、複雑で独自性の高いデザインはできませんが、コーダーの方々に発注して分業するのに比べて、成果物を自分が意図した通りに再現しやすくなります。デザインの再現性が上がれば、それだけ品質が上がるということですし、品質が上がれば高単価な案件になっていきます。

ウェブに隣接しないフリーランス職でいうと、例えばマーケティングのコンサルティング職を考えてみましょう。企業の商品開発部門やＰＲ部門、営業部門と一緒にマーケティング戦略や施策を立案し、実行する仕事です。コンサルティング料をもらうだけでももちろん生業として成立しますが、戦略の実行効率を高めるためのマーケティング自動化のノーコードツールを学べば、顧客先への導入支援にまでスキル拡張できます。これらのツールでは、ウェブサイトや広告LPでの顧客導線やコンバージョン（申し込み）率なども記録可能です。これを提案することでコンサルティング料をもらうだけでなく、仕組みを導入し運用する仕事も取れるし、かつデータをもとにコンサルティングをすれば、精度も上がります。精度が上がれば高単価にもなります。マーケティング系のノーコードツールは多数存在し、メール配信やサイト分析、見込み顧客管理、ダイレクトメール管理などもできます。このように自分のスキルを拡張して行くことで、稼ぐスキルを増やしていくことが可能です。

納品までにかかる工数を削減する

フリーランスの仕事で大変なのは、クライアントワークに集中しているときは、営業活動ができないことです。営業活動ができないということは、現在の仕事が終わったあとに続く仕事がないということであり、連続的に仕事ができないということになります。もちろんクライアントワークをしながら営業活動することもできますが、単純に作業負荷がかかるので長くは続きません。

しかし、フリーランスは1人で仕事をしているので、実際の本業に加えて、直接お金を生まない調査もあり、ツールで改善省略できる余地は少なくありません。例えば、ウェブや雑誌などのメディアに記事を寄稿するフリーライターの仕事をしているとしましょう。ライターは記事を執筆するまでに、膨大な調査をしないといけません。執筆テーマの情報を収集し、事実確認をし、参考資料を取りまとめて初めて執筆が開始します。この事前準備を効率化するためには、ウェブスクレイピングのノーコードツールが使えます。ウェブスクレイピングとは、事前に設定したウェブサイトの特定部分の文字情報や画像を自動で取得して保存する技術です。これがあれば、執筆テーマに関する情報収集を自動化し、定期的に確認することができます。ウェブスクレイピング機能は、これまではプログラミングで実装することが一般的でしたが、最近はノーコードツールが多く出てきて、クリックベースの設定で簡単に使用できるようになりました。

フリーランスのプログラマーだと恩恵は大きくなります。さまざまな企業とお付き合いをしていると、「ちょっとこういうものを作ってほしい」という依頼が多く来ます。例えばクラウドサービス間のデータ連携、エクセルマクロ業務の効率化、チャットツールとメールの自動連動など、ちょっとしたプログラミングでできる作業というのがあります。筆者もフリーランスでプログラミング業務をしているので痛感するのですが、こういう業務をやっておくと次の仕事へのつながりを維持できる一方で、費用対効果はいまひとつです。プログラミングはある程度の開発規模がないと効率化されていかないので、細々した作業の連続は効率が悪いのです。しかし、それらをノーコードツールに任せることができます。先ほど挙げたような依頼内容であれば、すべて対応するノーコードツールが出ています。プログラマーのスキルがあれば、マニュアルなどを見なくてもすぐに使えるものが多いので、サクッと作ることができます。さらにいうと、ノーコードツールは顧客も使えるので、手順をしっかり共有すれば、運用面はお任せすることができます。いわゆる手離れよく、納品することができます。

Section 3

起業家やスタートアップが使う場合

ビジネスを興す起業家やスタートアップ（まとめて起業家と呼びます）は、非常に限定された経営資源（ヒト・モノ・カネ）の中で、成功確度が低そうな環境で、かつ、リスクも高そうな挑戦をし続ける人たちです。答えがない中で、かつスピードも求められる混沌とした暗中模索な環境では、ノーコードが非常に役に立ちます。

素早くリリースできる

ここではＳａａＳやＥＣなどのウェブ上でサービスを展開したい起業家を前提としてお話しします。世の中が求めている需要にぴったりフィットして爆発的に利用してもらえるものを作ることは非常に難しいです。「これ絶対に流行る！」と直感的に思うものはほぼ当たらないのでやめたほうがいいともいわれます。さまざまなサービスが飽和状態にある現在の状況において、一般ユーザーも「自分は何が欲しいのかわからない」状態です。

このような世の中において、いわゆるステルス開発といわれる、アイデアを数人の頭だけで考えて、周囲には秘密にして開発を進め、いきなり完成品を出すというのはとてもリスクがあります。完成品を作るにはそれなりの時間的、金銭的投資が必要になるわけですが、失敗は一瞬です。それよりも、アイデアを公開し、さまざまな利用者層と議論し、意見をもらい、磨き続けて完成品に近づけることが大切です。

ノーコードツールが一般的になったことによって、アイデアの状態で議論をする必要がなくなりました。つまり、アイデアを反映した簡単なプロトタイプとして素早く開発して、素早くリリースして、それらをベースに議論することが可能になりました。プロトタイプを利用者に使ってもらうことで、利用者自身も実際の利用イメージがつかみやすくなるので、意見もいいやすいし、なにより「実際のモノがないのに無理やり想像してひねり出した実感がこもっていない感想」ではなくなるので、アイデアに還元してもズレが生じにくいよさがあります。

アイデアを公開することで模倣されてしまう問題も、素早くリリースすればある程度解決できます。現在のテクノロジーでは、事前に特許を取っておかない限り、アプリにしても何にしてもまねて作ることは簡単なので、模倣を完全に防ぐのは現実的ではありません。しかし、プレゼン資料などのアイデアのみで誰が最初に思いついたかを証明することはほぼ無理ですが、アプリをリリースしてブログサービスなどに記事を書いておけば、第三者が証明するタイムスタンプが残るので、誰が最初だったかわかるはずです。もちろんこれはあくまでオリジナルのアイデアであることを証明するに過ぎず、最初のものが最高のものではないので、そこから顧客獲得競争の始まりとなります。

柔軟に変化できる

ノーコードブーム以前でも、プロトタイピングツールはたくさんありました。現在のノーコードツールよりも学習コストは高めですが、紙芝居的に動作するプロトタイプが作れました。これらのツールとノーコードツールの違いは柔軟性です。柔軟性の中でも大きく「デザインの柔軟性」と「機能の柔軟性」です。

デザインの柔軟性とは、見た目を簡単に変えられるというものです。多くのノーコードツールでは、標準でデザイン部品（コンポーネント／パーツ）が用意されています。例えばモバイルアプリであれば、上部に表示されるアップバーや下部に表示されるメニューバーなどです。アイコンつきのテキストのリストや、インスタグラムのように写真がタイル状に表示されるギャラリーリスト、入力フォームなどの部品もよくあります。それらはいちいちデザインする必要がなく、簡単に入れ替えができます。

もちろん細かい幅や色合い、位置などは調整可能なので、デザイン部品を大まかに配置して、そこから細かくデザインを修正していけば、非常に柔軟にデザインすることが可能です。これまでのプロトタイピングツールでは、大まかなテンプレートしか準備されていない、または専門知識を持ってゼロからデザインしないといけないことが一般的でしたが、ノーコードツールの出現によってそれらの間を取る利便性を追求したものが多くなってきています。

もう一つ、機能の柔軟性があります。これまでのプロトタイピングツールだとページ単位でデザインして、ボタンやリンクを押すと画面遷移するだけのものが大半でした。それに対し、ノーコードツールでは、実際に動的な機能を実装できるものも多く存在します。例えばデータベースに保存する機能があれば、SNSのようなコミュニケーション機能は簡単に実装できます。ツールによってはGPS機能を使用してグーグル・マップで現在地情報を取得したり、ジャイロセンサーを使用してスマホの向きを検出したりできるものもあります。このような機能を使用すれば、ほぼ完成版に近い形のプロトタイプが作成できます。

初期バージョンの開発を柔軟に行えるだけでなく、開発後の修正改善も高速に行うことができます。ここについては次項と関わりが深いので、続けて説明します。

細かく改善できる

ＩＴ起業の分野では、「ＰＭＦ（プロダクト・マーケット・フィット）」と「グロースハック」という二つの概念があります。ＰＭＦとは、プロダクト（形にしたアイデア）がマーケット（ある程度の規模の需要）にフィットする（課題解決の仕組みになりうる）ことです。プロダクトを立ち上げたあとは、それが市場に受け入れるまで改善を重ねていきます。そこで必要なのが、詳細に分析をして改善策を立て、プロダクトに反映して再度分析をするというＰＤＣＡを高速で回していくということです。これを早く確実に回していくことで、マーケットにフィットしたプロダクトになる、という概念です。

ＰＭＦするまでに必要なのは、顧客の意見をプロダクトに反映する作業です。そこには、もし改善策が失敗していたらもとに戻すという作業も含みます。この点について、ノーコードは非常に強力です。デザインの修正であれば数分でできますし、機能修正するにしても、基本はクリックベースなので、数時間もあれば修正できます。もしプログラマーを外注している場合だと、いくつかの修正をためてまとめて修正を依頼するような調整が発生します。外注先に意図が伝わらない場合は、何度も修正のやりとりが発生しかねません。こうなると、改善スピードはどんどん落ちていきますし、外注費用が不足して修正をやめるようなことが起きて、せっかく社内では素晴らしい議論がなされても、それが反映されない状況が続きます。ノーコードであれば、社内メンバーが膝詰めで議論しながらプレゼン資料のように簡単に修正して、すぐに動作を確認することができます。これは大きな変化となります。

もう一つの「グロースハック」という概念を見てみましょう。前述のＰＭＦは「顧客ニーズをつかんでいる」状態で、そこが達成できたら、次はできるだけ多くの潜在顧客に届ける必要があります。とはいっても、都合よく潜在顧客が集まっていて、一回の告知ですぐに集客できることはまずありません。デジタルのプロダクトでは、インターネットの大海に潜在顧客が散らばっているので、そこをいかに効率的に、かつ低予算、高確度で見つけられるか、にかかっています。この作業がグロースハックです。こちらもサイト訪問者の動きや広告クリックの動きなどを分析して、改善策を立てて反映をしていきます。ウェブサイトや広告クリエイティブだけでなく、プロダクト自体も改善していく必要があります。

グロースハックに活用できるノーコードツールはたくさんあります。例えばメール配信ツール。最近ではマーケティング機能がついているものも少なくありません。メールアドレスごとのメルマガの開封具合を見て、興味関心で分類したり、メールアドレスごとに任意の条件に合わせて、送信する内容を分けたりすることもできます。

マーケティング系のノーコードツールもいくつかありますが、グロースハックに必要な機能が盛り込まれていて、かなり活用できます。キャンペーンサイトのようなウェブページの作成から、ウェブ接客のためのチャット、問い合わせ管理からSNS広告の管理まで無料でできるものもあります。さらにはウェブサイトに訪問してくれた方に適切なメールを配信したり、SNSと連動して購買意欲を計測したりするなど、自動化を行うツールも多くあります。マーケティング施策は花形職種のイメージが強いですが、やることはとても地道で毎日の積み重ねです。その点でもノーコードツールと非常に親和性が高いです。

Section 4

中小企業が使う場合

この標題を見て「企業でノーコードなんか使えるの?」と感じる方も多くいるかもしれません。実際には、エンタープライズ分野は、ノーコードという言葉や概念が出てくる前からコードを書かなくてもシステム開発ができる歴史が長く、それ故ノーコードのブームが追い風になってさらに浸透していくと考えられます。

ノーコードツールというとどうしても、一時的に使用する簡易ツールというイメージがあり、企業用途には不向きという印象もあります。実は多くの企業はすでにノーコードツールを使用しています。例えばマイクロソフト・アクセスは、ノーコードでデータベースと入出力画面を作れます。クラウドツールでいうと、セールスフォースは２００３年からノーコードのツールを販売しています。

大企業ばかりではなく、中小企業にもノーコードツール活用の余地がたくさんあります。大企業のように大きなIT投資ができない中小企業こそ、活用すべきノーコードのメリットがたくさんあるのです。

低予算で業務をデジタル化する

SaaSなどのクラウドサービスが活用されて5年以上経ちますが、中小企業ではまだまだエクセルやアクセス、紙やFAX、デジタル化されていても自社開発の業務システムを利用していることが多い印象です。筆者が中小企業の現場でIT導入のサポートをしてきた肌感覚では、現場の社員含め組織全体で「IT化は喫緊の課題」という認識は共有されている一方で、「そんな予算はない（または経営層が意思決定しない）」や「できる人がいない」という問題に突き当たっているようです。しかし、ノーコードによって予算の制約と人材スキルの制約の両方が解決されてきています。

ほとんどのノーコードツールは、数千円で使用できることが多く、低予算で使い始めることができます。さらに契約は月額契約であることが多いので、少人数で試用運転してみて、ダメだったらやめることも簡単です。またノーコードツールの多くは無料プランと無料トライアルがあります。無料プランとは、使える人数や保存できるデータ量など一部の機能に制限があるものの、基本機能はほぼ使用できるものです。無料トライアルは一定期間すべての機能使えるものです。無料枠を活用すれば、試用運転期間は無料で十分使用できることが多いです。

中小企業のデジタル化の課題でよくあるのが、取引先や顧客が紙やＦＡＸ中心でデジタル化されていないために、それに合わせるしかないという課題です。一方で取引先や顧客にヒアリングをすると、インターネットでできるならそのほうがいいという回答だったりします。筆者が経験している限り、紙やＦＡＸがなくならない理由は、「代替するシステムを誰も作りたがらない」ことにあると思っています。そして、誰も作りたがらない理由は、「ＩＴ投資するのが負担だから」だったりします。その点、ノーコードツールなら低予算で、発注フォームを作ってデータベースで管理し、ＦＡＸではなくＥＣで購入できるようにできます。これならすべての関係者の利便性を上げることにつながります。企業ごとに個別事情があるので、筆者の経験だけで絶対にそうだとはいえませんが、まずは低予算で「お試し」できるので、社内だけではなく取引先や得意先も巻き込んだＤＸ（デジタルトランスフォーメーション）化を提案したいです。

IT人材不足を補い内製化する

さまざまなIT用語が流行していき、世の中の動向もビジネスの方向もどんどんとデジタル化していく一方で、それを実現するIT人材はここ20年ずっと不足しています。特にここ数年はDXと呼ばれるビジネス全体をデジタル化しようという動きが見られて、どの企業もIT人材の採用に苦慮しています。人材獲得難になり、売り手市場になればなるほど、人材に支払う給与は上がっていき、中小企業は獲得競争で戦いにくくなってきています。そこで逆転の発想です。IT人材が不足して外部登用できないのであれば、自社で育成すればいいのです。

自社で育成するといっても、IT職は学習コストが高く、おいそれと実現することはできません。しかし、ノーコードであれば一定の学習コストでシステム開発や運用が可能です。国内のノーコードツールであれば、日本語の操作マニュアルやユーザーコミュニティも充実しており、きめ細やかなカスタマーサポートもついています。

IT人材不足を内部人材で補い、システムを内製化するメリットはいくつかあります。

その一つはITコストの削減です。なぜITコストが削減できるのでしょうか。システム開発を外注してしまうと、請け負う会社には納品責任が伴います。しかし多くの場合、発注時点で明確に納品するものが決まっていません。そうすると請け負う会社としては、開発規模が上振れすることを想定して、リスク費用を加算する必要があります。これを建築で例えると、建売であれば3千万円で販売できる設備の住宅も、注文住宅だと建築中に外装や内装に変更がある可能性が高いので、最終的に3千万円の設備になるとしても4千5百万円で見積をするようなものです。実際のところ、建売住宅より注文住宅のほうが高めなのは、途中でさまざまな要望に対応するからですね。

システムも同じことがいえます。システムを発注したことがある方ならわかると思いますが、システムを発注する時点では、数枚のプレゼン資料やひどいときには短文のメモしかないこともあります。発注される側は、不確実性が高ければ高いほど、高い額を提示せざるを得ません。この差額は、発注側と受注側の情報の非対称性であり、契約責任に伴うリスクにあります。そしてもちろん、これに受注側の取り分である利益が加算されます。

しかし、システムを内製化するとどうでしょうか。まず会社の取り分である利益を支払う必要がなくなります。これを仮に20％としましょう。さらに次が一番の利点ですが、発注側の人間がシステムを開発するので、「情報の非対称性」が少なくなります。ゼロではなく「少なくなる」としたのは、同じ社内でも経営層と中間管理職と現場担当者では現状認識が異なるため、いくらかの非対称性は残るからです。

ただし、この非対称性やイメージの相違は、ノーコードであれば「作りながら修正する」ことが可能です。ここがノーコード内製化の最大の利点であり、魅力です。社内外をすべて調整して、細かく意識をすり合わせたとしても、完成したシステムを利用してみると認識の違いや齟齬が発生します。これはどうやっても解決できません。しかし、「作りながら修正する」ことができれば、最終的には全員の認識が一致するものが作れるはずです。IT用語だと「アジャイル開発」に近い考え方です。情報の非対称性による不確実性を契約責任で巻き取るリスクというのも、20%程度が目安です。

利益の20%と非対称性の巻き取りの20%を合計すると、見積の40%は、内製なら発生しない費用になります。もちろん個別案件によってこの割合は変わりますが、ノーコードで内製化できれば4分の3くらいにはなるというイメージを持っておくといいでしょう。

ノーコードツールで内製化することのもう一つの大きなメリットとして、現場のカイゼンがそのままシステムに反映できること、があります。例えば、注文メールの内容を本文からコピペして受注システムに入力していた担当者が、自動化のノーコードツールのことを知っていたら「この業務は自動化できるかも！」と考えることができ、さらに無料プランなどで試すことができます。カイゼンとは業務の中のちょっとした無駄を減らしていく活動ですが、カイゼンしましょう！といって会議を設定しても意味はなく、本質的なカイ

ノーコードを業務に導入するための検討例

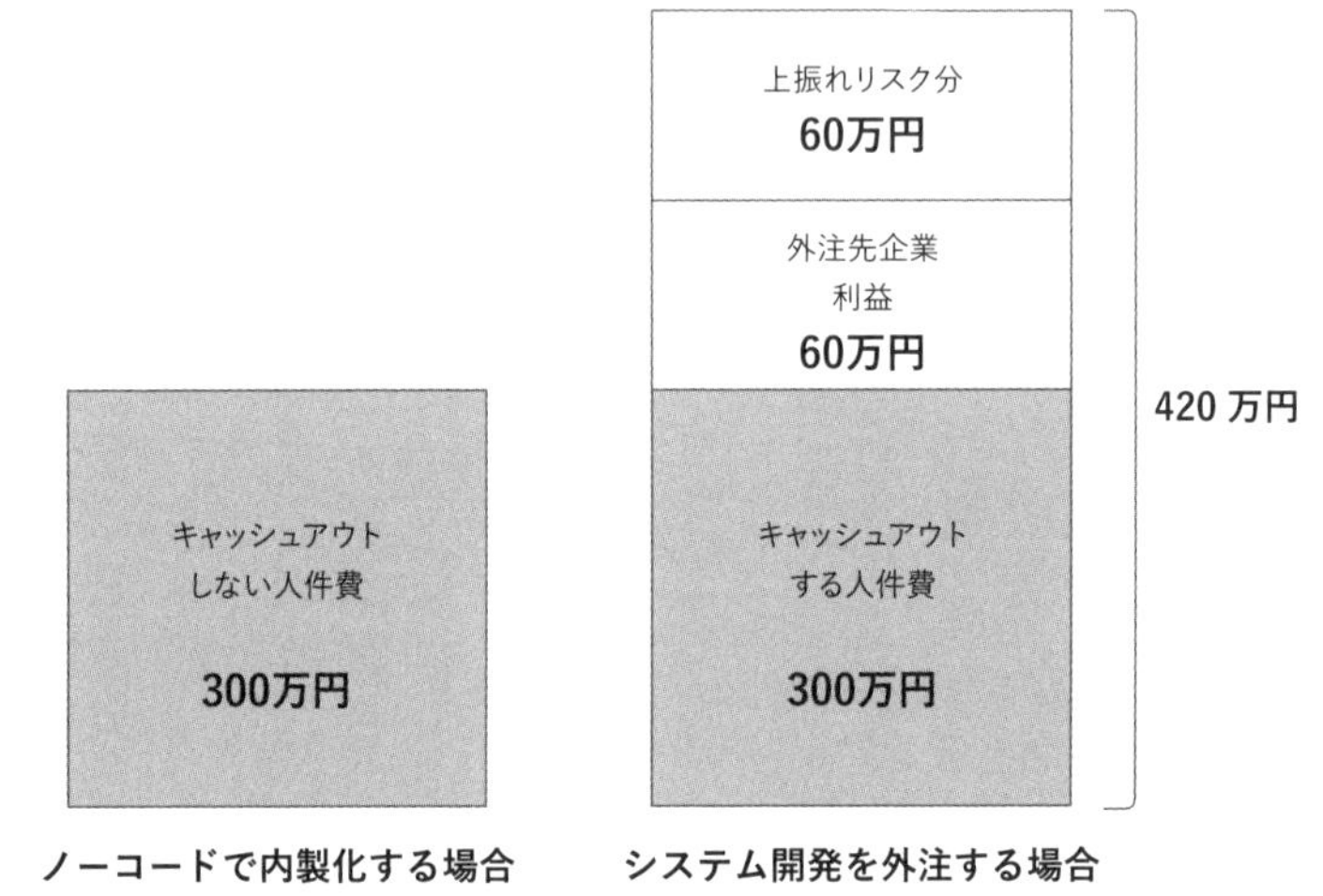

ゼンポイントは、日々の業務の中の気づきにあります。この気づきも、改善方法を知らないと気づくことができません。前述の受注システムの担当者も、自動化のノーコードツールを知っているからこそ、気づきを得て改善策につながるわけです。

外注するということは、この改善方法をすべて外に丸投げすることです。そうすると毎回外注先の社員にヒアリングしてもらう必要が出てきます。しかしカイゼンしましょう！と会議を設定されても、いい改善案は出ないわけです。極論すると、外注先の社員に日々のオペレーションを一緒にやってもらわないと、本質的なカイゼンにはならないのです。ここが自社内でできるということは、単なるコスト削減以上のとても大きなメリットになります。

大手集客サービスからの独立

これまで、美容室の集客はホットペッパービューティーがないと成り立ちませんでした。飲食店の集客は食べログかぐるなびがないと成り立ちませんでした。商品をオンラインで販売して集客しようとすると、楽天市場やアマゾンに出店するしかありませんでした。これら大手サービスはそれなりの手数料を取りますし、サイト内でさらに目立たせようとすると追加で手数料が発生します。もちろん手数料以上のサービスが提供されていますし、自分で広告を打つことや、ECを独自で開発運用する手間を考えれば安価であると選択する方も多いと思います。ここでは大手サービスが悪いといいたいわけではありません。しかし、ノーコード以前は、インターネットで集客をしたり、ビジネスを展開したりしようとすると大手サービス以外に選択肢がなく、依存せざるを得ない状況がありました。

しかし、今は違います。美容室も飲食店も、インスタグラムやユーチューブでサービスの特徴を発信することができます。そこでファンを獲得して、顧客になってもらうことも可能です。フェイスブック・グループやメール配信でオンラインコミュニティを構築して、継続的に利用してもらうこともできます。一般的な商品であっても、他の類似商品とうまく差別化してソーシャルメディア上で訴求できれば、独自のブランドで商品を継続的に売り上げることができます。つまりある程度のＩＴスキルがあれば、競合と差別化し、独自の力で集客や販売を行うことができる素地があるということです。

ノーコードが活躍できるのは、集客だけではありません。ＢＡＳＥやショッピファイなどのＥＣ構築のノーコードツールを利用すれば、オンラインで商品を販売することが可能です。グーグル・マイビジネスを使用して、グーグル・マップに自社情報や公式ＵＲＬを掲載して、商圏にいる方々に営業時間や休日などを知らせることができます（ＭＥＯ）。前述のフェイスブック・グループやメール配信ツールなどを駆使すれば、適時にアフターサポートも行えます。

ビジネスの根幹である、商品やサービスそれ自体を魅力的なものにすれば、大手サービスに依存することなく集客することができます。さらにその集客力は大切な資産として残ります。大手サービスに依存すれば、そのサービスを解約したら顧客情報はダウンロードできないことが多く、自分たちの手元には残るものが少なくなります。しかし、自社で集客できていれば、顧客情報を獲得することができるので、それをさまざまなキャンペーンや商品サービス開発に活かすことが可能です。

大企業が使う場合

大企業は、中小企業と比較して予算が多く、またセキュリティ体制も厳しいので、ＩＴシステムは自社ですべて作るというイメージがあります。しかし実際は内製化しているのではなく、ＩＴ部門は外注管理のみを行っていて、開発や運用は外部の開発会社が請け負っていることが多いのも事実です。中小企業が使う場合も内製化の話をしましたが、大企業ではこの内製化以外にも、いくつかのメリットがあります。

情報システム部門の負荷を低減する

大企業には、社内の情報システムを保守運用する情報システム部門があります。情報システム部門の業務範囲はここ１０年で大きく広がっています。システムが日々止まらないように運用する業務だけにとどまらず、オフィスのIT化に伴うヘルプデスクの役割やIT戦略を実行する実働部隊としての役割など、企業活動がDX化していくに伴ってITシステムに関するすべての業務を担うようになってきています。

もともとは情報システムを運用する（守りのIT）という直接的に利益を生まない組織が、ビジネスモデル自体に影響し、経営戦略の中で大きな利益を生むサービスを開発する（攻めのIT）組織に変化していく過渡期にあります。エンジニアが不足しているという状況かつ、業務範囲が拡大していて部門機能としての業務負荷が短期間で増大し、立ち行かなくなっている状況下で、経営判断として必要なのは「選択と集中」です。

つまり、専門職としてのエンジニアが本来しなくてもいいこと、例えば他部門から毎日依頼される非定形のデータ抽出加工や、PCが起動しないなどの問い合わせに対応するヘルプデスク機能、運用するサーバーインフラのチェック、発注管理や社内調整などを、すべて省略または自動化してしまうという判断です。そこの空いた時間を攻めのITに費やすことで経営資源としても最適に配置されますし、エンジニアキャリアとしても有意義なものになります。

では、ここに挙げた業務をノーコードでできるのかというと、実際に可能です。データ抽出を行うノーコードツールは、海外のものも含めるとわかりやすいUIで安価なものがたくさんあります。ヘルプデスク機能はチャットボットが対応できますし、サーバーのチェックはノーコードツールやＳａａＳを活用すれば、そもそもサーバーを意識する必要はありません。発注管理や社内調整は、情報システム部門が技術担当として発注先のシステム開発会社との間のコミュニケーション役を行うことで発生することが多いので、事業部門が直接ノーコードで開発したり、ＳａａＳを利用したりすることで解消できます。

もちろん、簡単にできることではありません。しかし、システム更改のタイミングや新規開発のタイミング、運用見直しのタイミングで提案を行う際に、意思決定者がノーコードツールについて詳しければ、３年先は大きく変わります。ノーコードは単に技術者だけが知っていればいいツールというわけではなく、部門長や経営者が情報システム部門の負荷を低減し、よりよい経営を行うために必要なスキルとなります。

部門ごとの小回りをよくして変化を加速する

これまで大企業の多くは、情報システム部門が人事総務部門や事業部門とチームを組んで、ＩＴシステムの導入を進めてきました。これは稼働後のシステム運用を見据えて、技術的な担保を情報システム部門が取るためのチーム編成でした。しかし、その弊害が前述の過大な負荷になっています。この過大な負荷がボトルネックになり、他部門が必要としているITシステムの導入や変更が遅れている実情があります。それにより企業活動全体のデジタル化のスピードが遅くなるという問題が生じています。

現状でも、SaaSが浸透した結果、人事総務や事業活動を行う部門単体で業務に必要なサービスを選定し、活用することでスピードアップを図ることは達成されつつあります。しかし一方で、ITシステムのガバナンスの観点では、本来は整合性を維持して、一元管理すべき顧客データや従業員データが、SaaSごとに個別に分散して保存されるという問題も生じています。その結果、ビジネスの根幹となる営業やマーケティング、商品サービス開発に必要な分析業務や、顧客や従業員への個別サポート業務を行うことが難しくなっています。

これはSaaS同士の連携、基幹システムとSaaSの連携が、プログラミングを伴うシステム開発でしか実現できなかったのが原因の一つです。SaaSを活用することで個別部門の業務スピードは加速したものの、全体最適という観点を置いてきぼりにしているといえます。しかしノーコードツールを活用すると、データ一元管理を全社共通で実現できます。

例えば、既存のデータベースをAPI経由で利用し、画面デザインやデータ処理（プログラミングが担う処理ロジック）はマウスクリックで設定してシステムを作ることができるノーコードツールがあります。これらを利用すれば、個別部門に必要なアクセス権だけを渡すことで、あとは各部門のメンバーがノーコードを習得すれば、小回りが効くシステムを開発しつつ、データ配置はそのままで情報システム部門が適切に管理するということが可能です。

複数のSaaSを使用していてデータを一元管理することができない場合でも、SaaS同士のAPI連携をノーコードツールで行えば、整合性を取りながら分散管理できます。例えば勤怠管理サービスと労務管理サービス、経理システムはこの順番でデータがやりとりされることが多いですが、これまでデータを同期するのにCSVファイルや画面を二つ並べてコピペするなどの方法が用いられてきました。ノーコードツールで自動化することで、ヒューマンエラーをなくし、データの整合性を保ちながら分散管理が可能になります。

ノーコードというとデータはすべてクラウドにないといけないと思われがちですが、オンプレミス（クラウドでない）でも活用できます。オンプレミスのデータベースを、インターネット上にAPIとして公開できるツールがあります。それを活用すれば、データベースをクラウドに移行したり、APIをプログラミングで開発したりする必要がなくなります。

もちろんこれまでオンプレミスで管理していたものをインターネット上に公開すると、セ

SaaS間で重要な情報を共有するノーコード

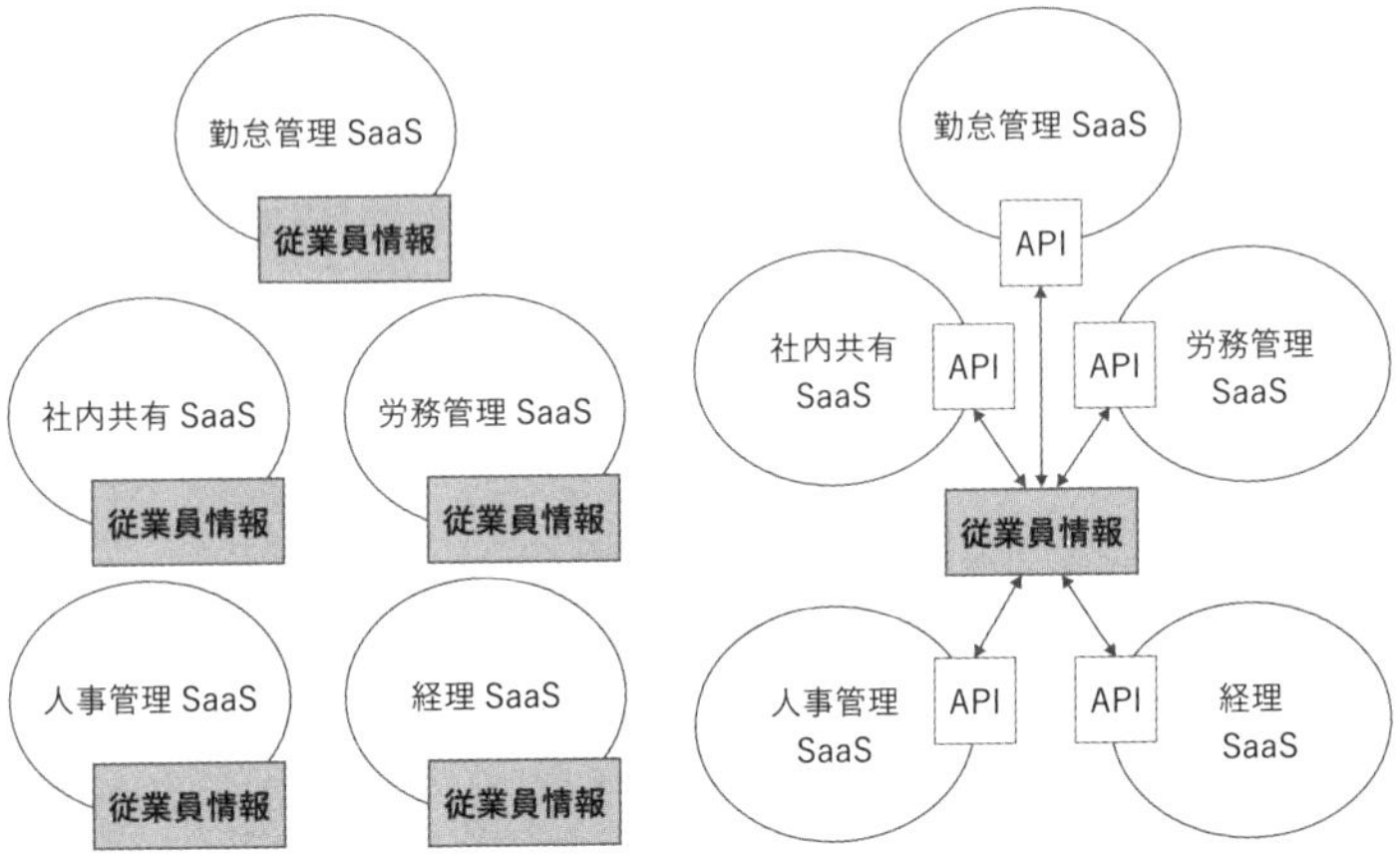

これまでの従業員情報の管理方法　　**これからの従業員情報の管理方法**

キュリティの懸念はありますが、金融や官公庁がアマゾンのクラウドサービスを活用している時代ですから、セキュリティと利便性をうまくバランスしながら進めていただきたいと思います。

システム運用を内製化する

大企業で利用されるシステムの規模だと、スクラッチ開発はもちろん、ＳａａＳの導入においてもすべてを社内人員でまかなうことは大変です。ＩＴプロジェクトかどうかに関わらず、一般的に新しい仕組みや制度を導入するとき、導入時の作業量が一番多くなります。その後、利用が開始され運用され始めると作業量は落ち着き、定期的な見直しや改善業務、決められた定常業務になります。しかし人材面では、導入時点に必要な人員を確保して、運用開始後に解雇するということはできないため、どうしても外部人材に頼るという構造になってしまいます。ここをダイナミックに変更するのは一企業では難しいので、筆者は導入時は外部人材に頼ることも必要だと思っています。

しかし、運用は内製化することができます。ただこれまでと同じように導入開発をしていては実現できません。運用を内製化する前提で、ツールやサービス、仕組みを検討し、導入を行うというこれまでと逆のプロセスでITプロジェクトを進める必要があります。ノーコードの登場によって、これを実践することが容易になりました。

例えば、大企業だとコーポレートサイト（会社の公式サイト）とは別に採用サイトを作ることもよくあります。サイト自体は外部のウェブ制作会社に頼み、その後の修正や記事の追加変更についても、引き続き外部にお願いするというところが多いでしょう。しかし、採用活動は新卒中途問わず、刻々と状況が変わります。状況に合わせて業務も変化し、それに合わせてサイトも改善されていくべきです。しかし外部に依頼する場合は、社内で依頼内容を取りまとめ、それを明文化し、修正を依頼し、作業見積をもらい、契約してようやく修正に着手することになります。保守契約を結んでおけば、契約手続きが省略できますが、依頼を伝聞していく過程は同じで、時間を要します。

そこで、採用サイト制作を依頼する時点で、ノーコードツールによる制作を依頼しておけば、運用は社内メンバーでできます。もちろんノーコードツールのウェブ制作はコーディングで仕上げたデザインと比較して、自由度は下がります。しかし、音楽などのメディア系のサイトを制作するわけではないので、実用上は遜色ないデザインを行うことが可能です。自由度が下がるというデメリットをはるかに上回るのが、運用が内製化できることです。修正変更を自分たちで行えるということは、事業活動において大きなメリットになります。日々改善を重ねて、最適なサイト構成で運用できます。これがサイト運用の内製化の最大のメリットです。

CHAPTER 04

ノーコード開発事例紹介

コロナ禍の行政システムを一週間でリリース（キントーン）

コロナ禍における特別定額給付金申請の手続きをノーコードツールの「キントーン（kintone）」でわずか1週間足らずで構築した、加古川市役所とサイボウズ株式会社の事例を紹介します。

キントーンは、データ入力画面をマウス操作で簡単に作ることができるノーコードツールです。画面に合わせてデータベースや承認処理のようなワークフロー、特定条件のデータ抽出機能なども利用できます。エクセルやアクセスで管理されているような業務をクラウド化し、インターネット経由でチームや部門でデータを共有するという事例でよく使われています。

国民1人当たりに10万円を支給する「特別定額給付金」制度は、2020年の新型コロナウイルス感染拡大による家計の落ち込みを下支えするために、急遽決まった緊急施策です。政府が施策を決定したものの、給付システムや手続きなどはすべて自治体に委ねら

加古川市役所で実際に使用されたシステム

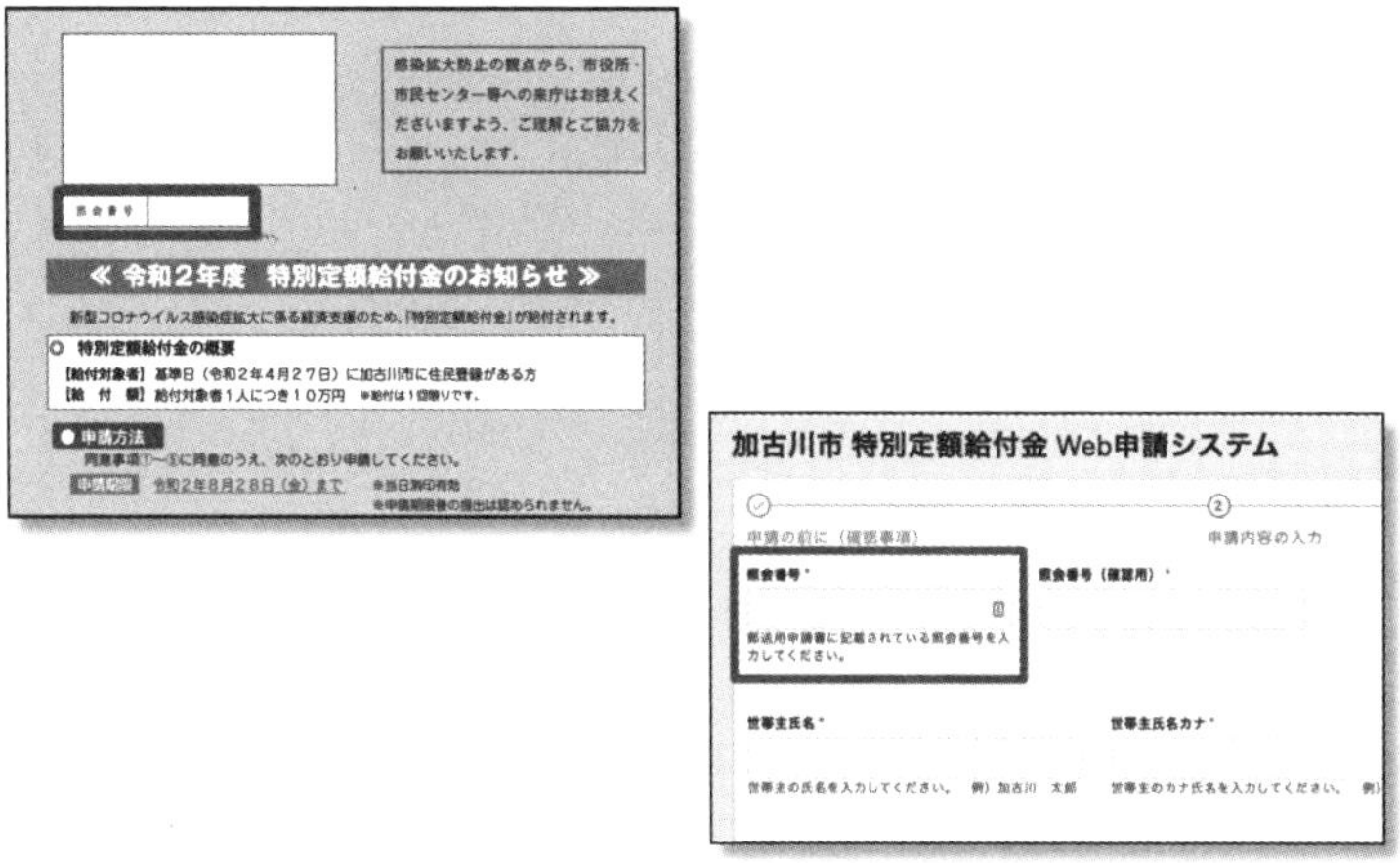

キントーン事例

れており、紙ベースで申請を受け付ける自治体もたくさんありました。

加古川市では、家庭に郵送する用紙に固有の番号を印字し、それを市民がウェブフォームを介してキントーンへ入力することで、本人確認と申請受け付けができるシステムを開発しました。これにより市民への迅速な給付金の支給と市役所職員の事務作業の負担軽減という大きなメリットを生み出しました。

キントーンを活用したこのシステムは、開発元のサイボウズ株式会社のアドバイスを得ながら、職員が1人で構築しました。その職員はもともとキントーンというツールを知っていたものの、開発は初めてでした。着想してからすぐに開発に着手し、数日後には市長の承認を得るというスピード感です。その速さは、翌週に発表するためのプレスリリースの作成のほうが遅かったほどだといいます。自治体では、説明資料を作成して幹部職員の承認を得ていくということが多いのですが、今回の場合は、動く実物があったことで、市長の承認まで圧倒的なスピードで行えたということです。

結果的に、リリース後1万4千件を超える申請を受け付けることができ、紙作業が不要であることから、支給までの時間も他の自治体よりも短くすることができました。ゼロから開発すれば数百万円はかかるシステムですが、開発費用な実質数万円程度でした。このシステムで紙処理に伴う職員の稼働工数などを考慮すると、コスト面でも大きなメリットになりました。

行政という大きな組織、かつミスが発生してはいけないという完成度を求められる事務処理業務についても、キントーンというノーコードツールを活用することで、早く安く簡単に作れる事例です。

Section 2

マウス操作で開発するAI分析で「まち」を評価する仕組み作り（マトリックスフロー）

位置情報つきのSNS投稿内容を自然言語分析し、まちに関する質的評価（投稿者属性や投稿分類、印象など）を行うことで、テナント誘致やまちの活性化施策につなげるシステムをノーコードツールの「マトリックスフロー（MatrixFlow）」で開発した、大手建設業のA社と株式会社マトリックスフローの事例をご紹介します。

マトリックスフローは、ブロックと呼ばれる部品群をドラッグ&ドロップすることで、最短3クリックで簡単にAIを構築できるノーコードツールです。AIでデータを分析する場合、モデルの作成が必要になります。学習のもととなるデータを整理、加工し、そのデータで何度も処理を実行しては正しい結果が出力されるようにチューニングを繰り返す（モデル評価）必要があります。これらをAIエンジニアがプログラミングすると、簡単なモデルでも2時間程度かかるところをマトリックスフローは5分程度の設定で開発することができます。

マトリックスフローの設定画面

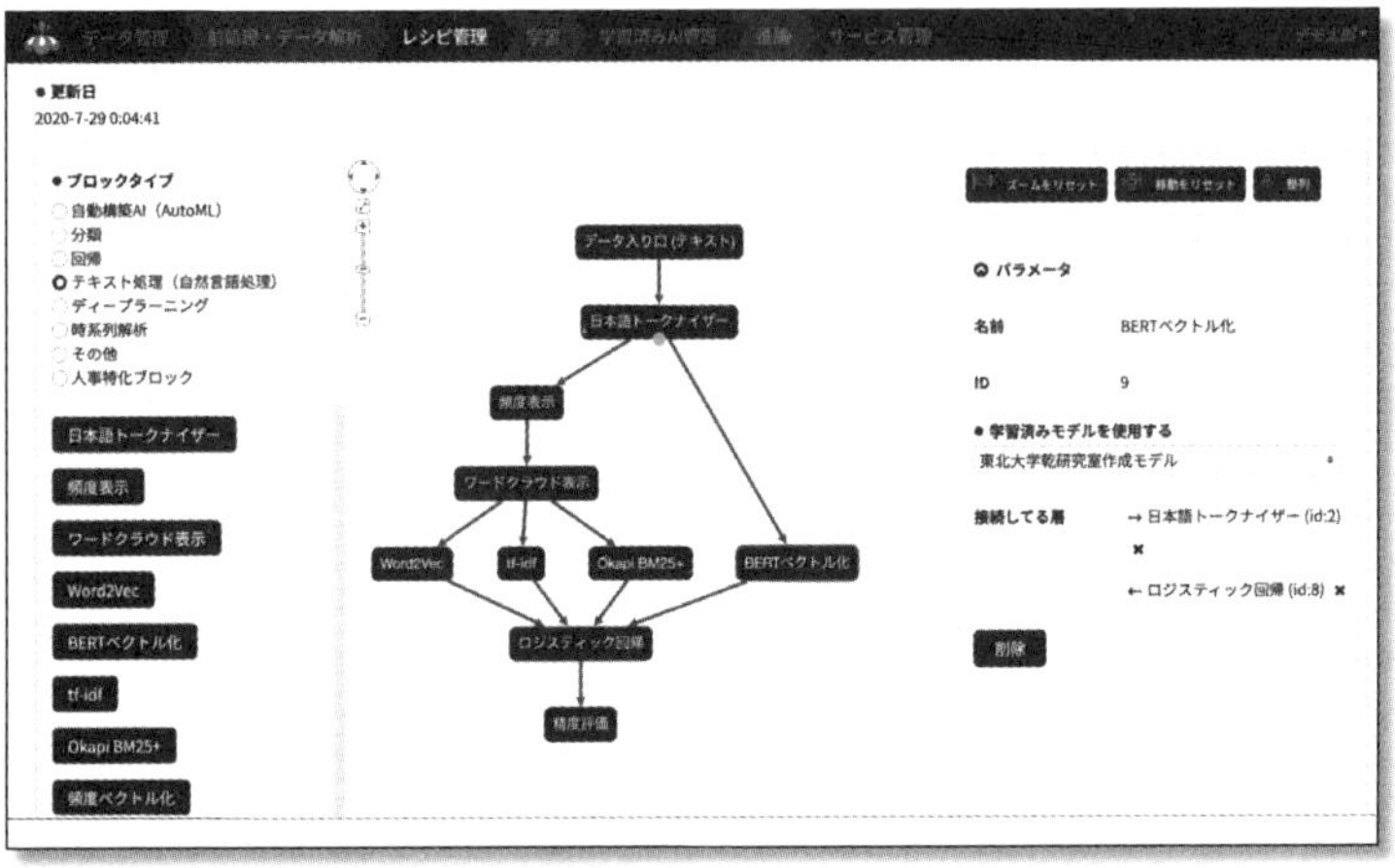

マトリックスフロー事例

Ａ社では、膨大なＳＮＳ投稿データをどのようにまち作りに活かすことができるかを検討していた過程において、サービスのもととなるアイデアが挙げられました。サービスを開発する上で、プログラミングでは3カ月程度の開発期間がかかるものを、1・5カ月に工期圧縮し、かつコンサルティングを受けながら自社社員にて内製化できるメリットからマトリックスフローを活用することになりました。

ＡＩでデータ分析するシステムを構築するのは、プログラミングや数学などの専門的なスキルが必要なため、多くの場合、データサイエンティストやＡＩエンジニアが構築の役割を担います。専門職だけで構築すると、そのシステムを利用するビジネスサイドのユーザーからはその仕組みがブラックボックスに見えます。マトリックスフローの場合、構築に専門的なスキルが必要なく、ビジネスサイドのユーザーが利用し、改善できるツールになっています。一方で専門職でも十分活用できるツールでもあり、アルゴリズムの選定やパラメーターのチューニングも柔軟に設定できるようになっています。

２０２１年現在では、国内におけるＡＩ分野のノーコードツールはまだまだ少ないですが、昔は専門性が高かったＰＣやウェブアプリケーションが、現在では一般利用者の生活のすぐそばにあるように、ＡＩもビジネスや生活のあらゆる場面で広く活用される世の中が到来すると予測されます。

日本初のノーコードで開発されたサービス買収の裏側（スポット／アダロ）

新卒の就職活動におけるオンライン面談のマッチングプラットフォーム「スポット（SPOTTO）」をノーコード開発者より事業買収した株式会社フォー・エーキャリア（For A-career）の事例を紹介します。

スポットは「アダロ（Adalo）」というノーコードツールで開発されていて、アイフォーン／アンドロイドのモバイルアプリで利用できるツールです。アダロは、2018年にスタートしたアメリカ・セントルイス発のモバイルアプリ開発のノーコードツールです。コンポーネントと呼ばれる表示部品をドラッグ・アンド・ドロップで配置していき、データベースの設定をするだけで、アイフォーンとアンドロイドの両方に対応したコード群が出力され、アップストアやグーグルプレイからアプリを配布できます。

スポットは、就活生が新卒採用のオンライン説明会を開催する企業を検索し、マッチングしたらズーム（Zoom）で説明会に参加できるアプリです。その後面接もオンラインで行

スポットのサービス画面

スポット事例

うことが可能で、オンラインのみで就職活動が完結できるサービスです。

開発のきっかけとなったのは、人材事業をメインとしているフォー・エーキャリアの社長が、オンラインでの就活支援サービスを立ち上げたいと、ノーコード開発者に宴席で話したことです。そのアイデアをノーコード開発者がアダロで実装し、一部ベータ版で運用を開始した頃に、新型コロナウイルスの感染拡大が大きな社会課題となり、新卒就活市場は大打撃を受けます。ベータ版運用中のサービスを各社に営業したところ、予想をはるかに超えるニーズがあることがわかり、事業ごとノーコード開発者より譲渡されたことが買収の経緯です。

買収時点で、フォー・エーキャリアにはエンジニアはいませんでしたが、ノーコード開発者を育成し、現在では内製化にも成功しています。もともと求人採用サイトの運営や人材紹介事業を行っていたため、新しいソリューションとして既存の顧客にもスポットを活用してもらうことで相乗効果を生み出しています。

アダロという比較的新しいノーコードツールの導入に当たっては、顧客へのしっかりとした説明が必要でした。本番環境のサービスとして利用することにおけるデメリット、例えばプラットフォーム依存ゆえに予期せぬバグが起こる可能性や、スクラッチ開発に比べて細かい機能実装が実現できない点を導入時に説明し、メリットとデメリットを理解いただいた顧客と信頼関係を構築しながら、展開しているとのことです。その結果、顧客からは、営業資料だけでなく、実際に動作するものを触れることで利用シーンが想像できるため、むしろ導入のハードルが低くなると評価されています。

Section 4

営業事務の工数が3分の1になり「社内のカイゼン意識も向上」した事務作業の自動化（エニーフロー）

営業活動は、チーム間の情報共有が案件獲得の成否を握る一方で、タイムリーな状況把握には時間的なコストが多くかかるため、なめらかに情報共有するのが難しいです。金額や商談確度などの情報共有を含めた営業事務を自動化したキラメックス株式会社とエニーフロー株式会社の事例を紹介します。

「エニーフロー（Anyflow）」は、ＳａａＳ同士のデータを自動で連携する業務自動化ノーコードツールです。２０１９年の調査では、一社あたり平均７つ以上のＳａａＳを導入しているといわれ、その数はどんどん増加していく傾向があります。しかし、ＳａａＳを導入すればするほどデータは分散され、一つひとつログインして中身を確認しないといけない問題に直面します。エニーフローでは、ＳａａＳ間で分散管理されているデータをＡＰＩという標準機能でやりとりし、その設定をクリックベースで行うことができます。これにより、ツールの機能ごとに分断されているデータを、業務フローに合わせて一元管理し、

エニーフローのサービス画面

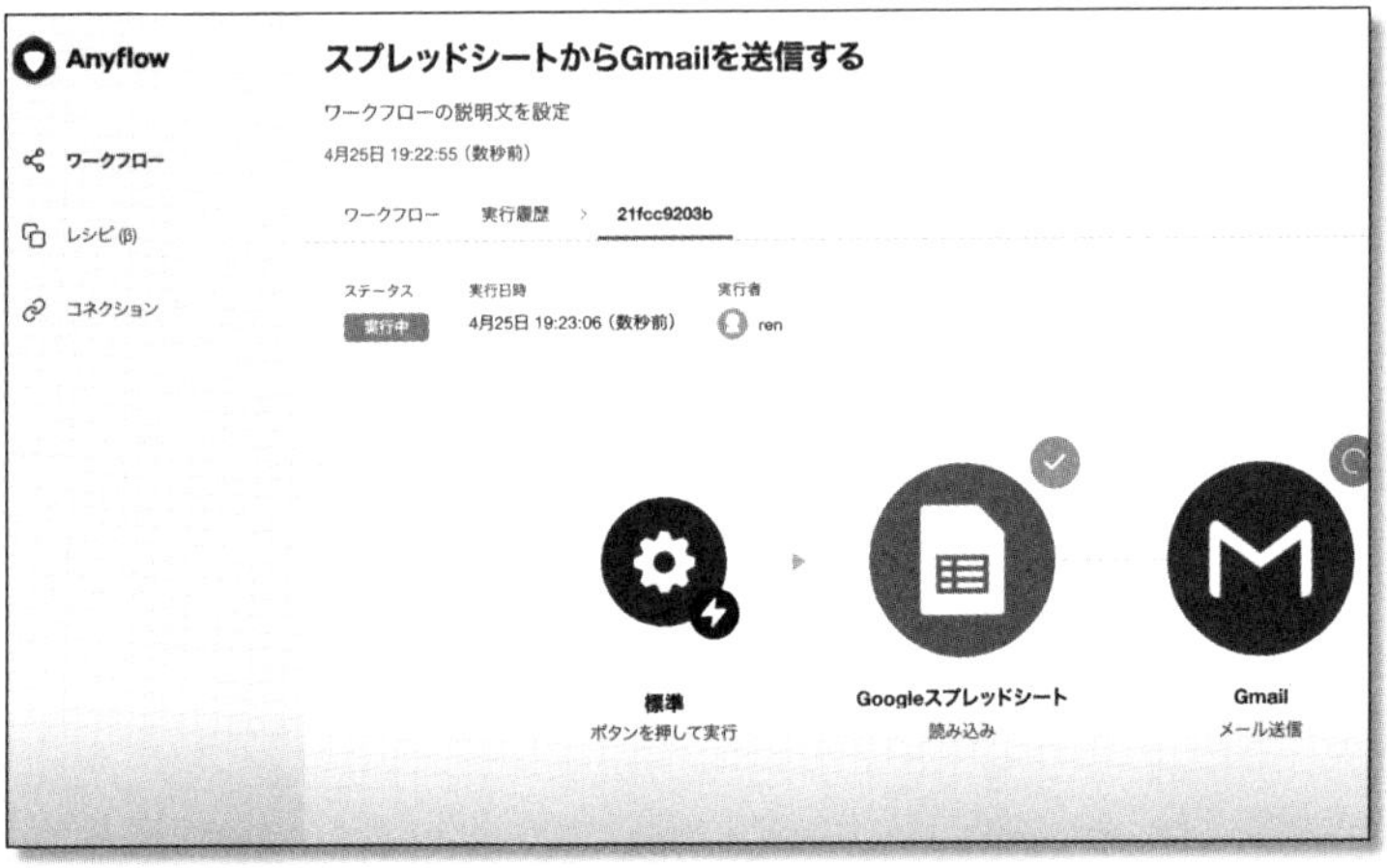

エニーフロー事例

編集更新が可能になります。

キラメックスでは、営業活動を管理するＳａａＳの「セールスフォース」とチャットツールの「スラック（Slack）」を連携させています。営業活動では、営業担当者や個々の商談情報をセールスフォースで最新化したものを、マネージャーが分析することで次の一手を考えます。しかし、新型コロナウイルス感染拡大に伴い、リモートワークに移行したことを契機に、個別に確認をしたり、変化に気づくのが遅れたりするなど、活動がスムーズに行えない課題がありました。そこでエニーフローでセールスフォースの更新情報をスラックに逐次通知し、レポートや分析データも共有するにしました。エニーフローによる自動できめ細やかな情報連絡により、チームメンバー全員が状況を把握し、マネージャーもその変化にすぐに対応する施策を打つことができるようになりました。

エニーフローの導入には思わぬ副次的作用がありました。それは、チームメンバーのカイゼン意識が高まり、自発的に業務効率化のアイデアを出すようになったことです。エニーフローはサポートが手厚く、営業担当者も手軽に利用できるノーコードツールであるが故に、自分たちでもっと活用しようという気運が高まり、さらにツールを利用することで業務効率化の具体的なイメージがわきやすいことがその理由です。現在では右記の業務以外にも11個の業務が自動化されていて、さまざまな業務でデータ連携をしています。

ブランディング会社が一週間でサービスページを立ち上げ（スタジオ）

飲食店の食券をスマホアプリで事前購入できるサービス「みらいの食券」の企画からデザイン、ランディングページ作成を一週間で行った、プレオデザイン（PREO DESIGN）とスタジオ株式会社の事例をご紹介します。

「スタジオ（STUDIO）」とは、コーディング知識がなくても自由自在にウェブサイトを作成できるノーコードツールです。多くのノーコードウェブサイト作成ツールでは、テンプレートと呼ばれるデザイン部品群を組み合わせて作るものが多いですが、スタジオはこれまでならコーディングが必要だったレベルの細かいレイアウトやデザインを、ドラッグ＆ドロップだけで設定できます。これは他のツールに比べて、デザイナーやデザイン会社の採用例が多いことからも見て取れます。

プレオデザインは、ブランディング策定からデザイン、ウェブ制作までを一気通貫で行うブランディング会社です。特に飲食店のブランディングに強く、飲食店の食券をスマホ

スタジオで作成したみらいの食券の画面(一部)

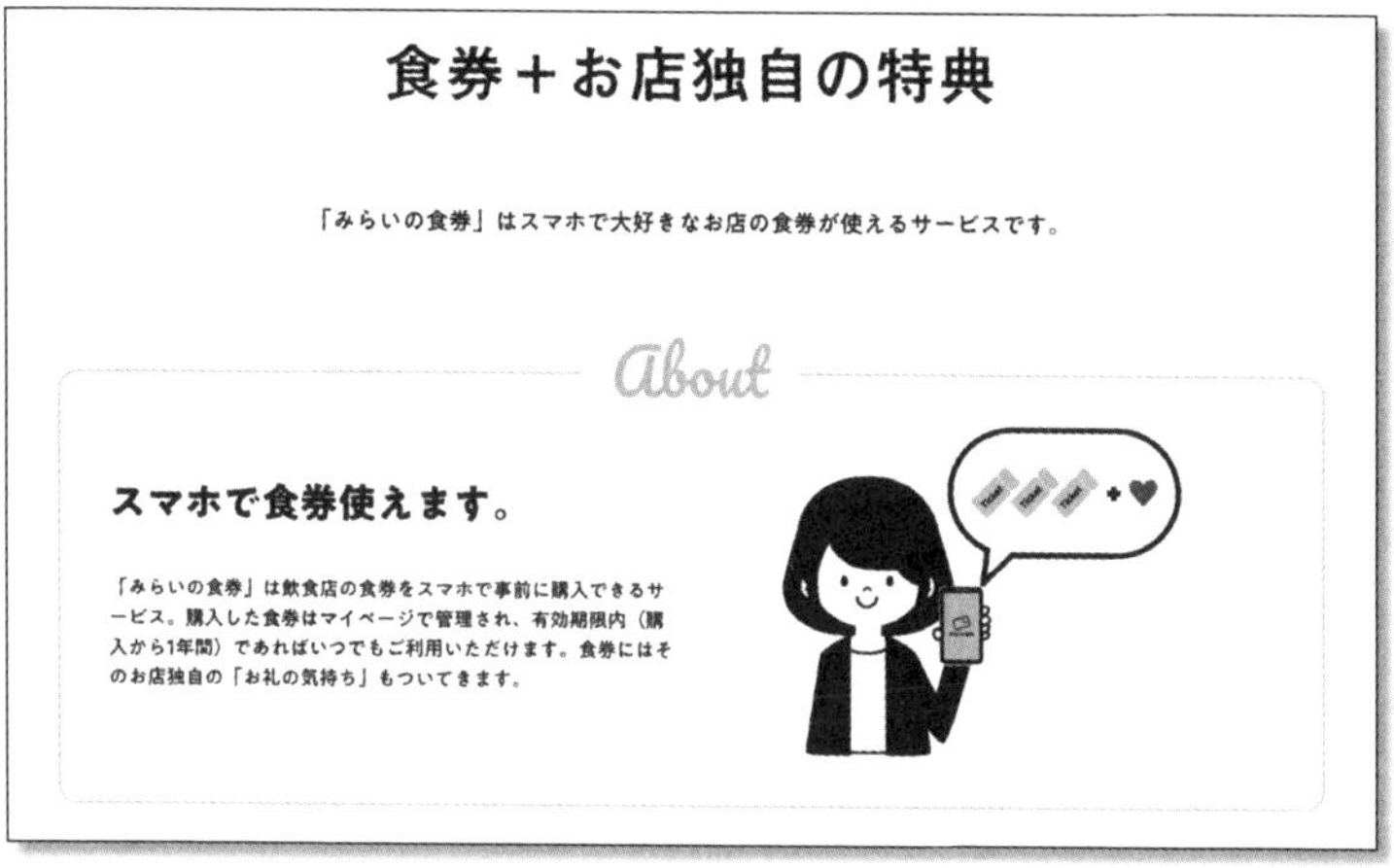

スタジオ事例

アプリで購入するアイデアをもともと持っていました。２０２０年２月に新型コロナウイルスの感染が拡大し始め、飲食店の経済活動停止が危惧されたため、一気にそのアイデアの実現に動きました。みらいの食券というサービスを会社として実施することを２月末に決め、３月３日にサービスサイトを公開しました。このスピード感を実現するため、デザイナーが思い通りのサイトを最短時間で制作できるスタジオを活用しました。

　自社サービス以外に、顧客向けのウェブ制作にもスタジオを活用しています。地域の飲食店では、ウェブサイト制作に大きな予算をかけることが難しい一方で、ウェブサイトは飲食店の情報を提供する最初の大切な接地点なので、ブランディング会社としてはこだわりたい部分です。スタジオなら、制作スピードが早い分、コストも安く抑えられ、ブランディング担当者としても満足のいくウェブサイトに仕上がるそうです。ブランディングというハイコンテキストで言語化が難しい領域において、コーディングを外注することは伝達による情報劣化が伴うので、内製化できることは大きなメリットといえます。

さらにスタジオが特徴的なのは、カスタマーサポートです。個別の応対はもちろん、スラックコミュニティでも丁寧なサポートが受けられます。コミュニティ内では、スタジオユーザー同士で回答し合ったりでき、スタジオのスタッフがフレンドリーかつ丁寧にコミュニティを運営しています。海外のノーコードツールにはなかなかない、国産ツールだからこその質のいいサポートが特徴です。

Section 6

リサイクル事業者が数百種類ある中古自動車の管理データ入力を完全自動化（クラウドBOT）

解体した自動車部品の種類や数量を自社基幹システムに入力し、工場での表示用パネルシステムと国の管理システムに同一情報を入力する三度手間の操作をノーコードツールの「クラウドＢＯＴ」で完全自動化した会宝産業株式会社と株式会社シーライズ（C-RISE）の事例を紹介します。

クラウドＢＯＴは、ウェブブラウザで人間が手動で行う入力操作を自動的に行う、ＲＰＡ（Robotic Process Automation）というノーコードツールの一つです。インストール型ではなくクラウド型のため、ＰＣにインストールする必要がありません。入力操作を記憶させるのが簡単です。対象となる画面を手動操作すると、録画をしているように操作順を記憶し、再生することができます。クラウドＢＯＴの特徴の一つは、画面デザインが変更されても、ウェブサイトの構造を検知して自動操作を行うため、一定レベルのデザイン変更では影響を受けません。これにより再度録画する必要がありません。もう一つは、エニーフ

クラウドBOT作成画面

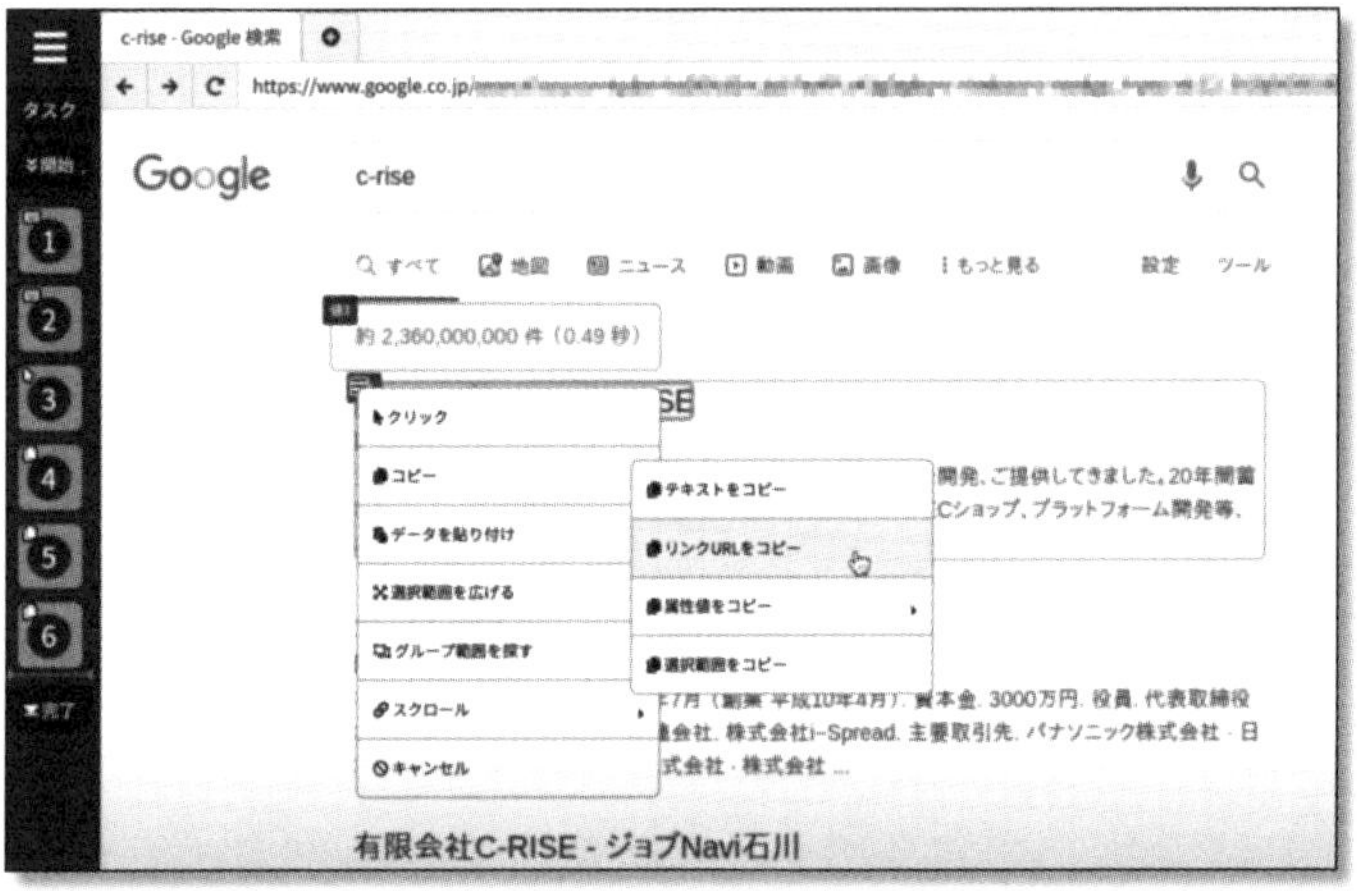

クラウドBOT事例

ローのようなiPaaS（サービス間データ連携）機能が標準装備されていることです。自動操作で取得したデータを他のSaaSに転送することも可能です。

会宝産業は、石川県内で有名なリサイクル事業者です。主な事業として中古自動車を買い取り、修理して販売する他、解体して部品を国内外の自動車工場に販売しています。会宝産業ではこれまで、部品情報を自社の基幹システムに入力し在庫管理する一方で、工場で在庫情報を表示するパネル（デジタルサイネージ）システムにも同一情報をCSVファイルで都度アップロードし、さらに国への報告業務のため、国が開発した外部のシステムにも手動転記する必要がありました。この事務処理の無駄とヒューマンエラーのリスクを抑えるため、シーライズに相談し、クラウドＢＯＴの導入に至りました。

特筆すべきなのは、導入はシーライズの支援のもと、会宝産業の担当者が主体的に行い、日々の運用確認もしているということです。ノーコードのツールだからこそ、エンジニアがいない組織でも対応できる一事例です。クラウドＢＯＴが素晴らしいもう一つの点は、価格が安いことです。ＲＰＡツールの多くは、大手企業の予算でしか導入できないくらい価格帯が高いという課題があります。しかし、クラウドＢＯＴは数千円から導入できるため、中小企業や個人事業主でも手軽に導入できます。

価格帯が他社より低い理由は、他の収益事業から利益を回し、広告費を抑え、サーバー費用を抑える仕組みで開発するという企業努力の賜物です。価格に対して機能が充実しているため、海外からの利用も多く、利用者全体の国内事業者は４０％で、残りの６０％は海外企業だそうです。もちろん日本国内向けには手厚いサポートが提供されており、社長自ら開発やサポートの陣頭指揮を取っており、安定性としても信頼できるツールです。

成人式の特別コンテンツとしてARフォトフレームを役所担当者が独力で制作（パラナル：palanAR）

成人式では、多くの新成人が着物や袴姿で写真をたくさん撮ります。その撮影時に利用できるフォトフレームをウェブAR（拡張現実）で実現した「ARフォトフレーム」を開発した東京都中央区役所・新成人のつどい実行委員会と株式会社パラン（palan）の事例をご紹介します。

「パラナル（palanAR）」は、ドラッグアンドドロップでARの仕組みを作成できるノーコードツールです。特にブラウザ経由でARを利用できるウェブARという技術を利用していることで、スマホアプリのインストールが不要で、QRコードを読み込んだり、リンクをクリックしたりするだけですぐにAR環境が起動します。スマホアプリの開発が不要であるため、導入コストが大幅に下がります。さらにリンクでAR環境を共有できるため、SNSで拡散されやすく、バズを生むキャンペーンなどでも活用できます。

東京都中央区役所では、「新成人のつどい」を毎年成人の日あたりに実施していましたが、

パラナル作成画面

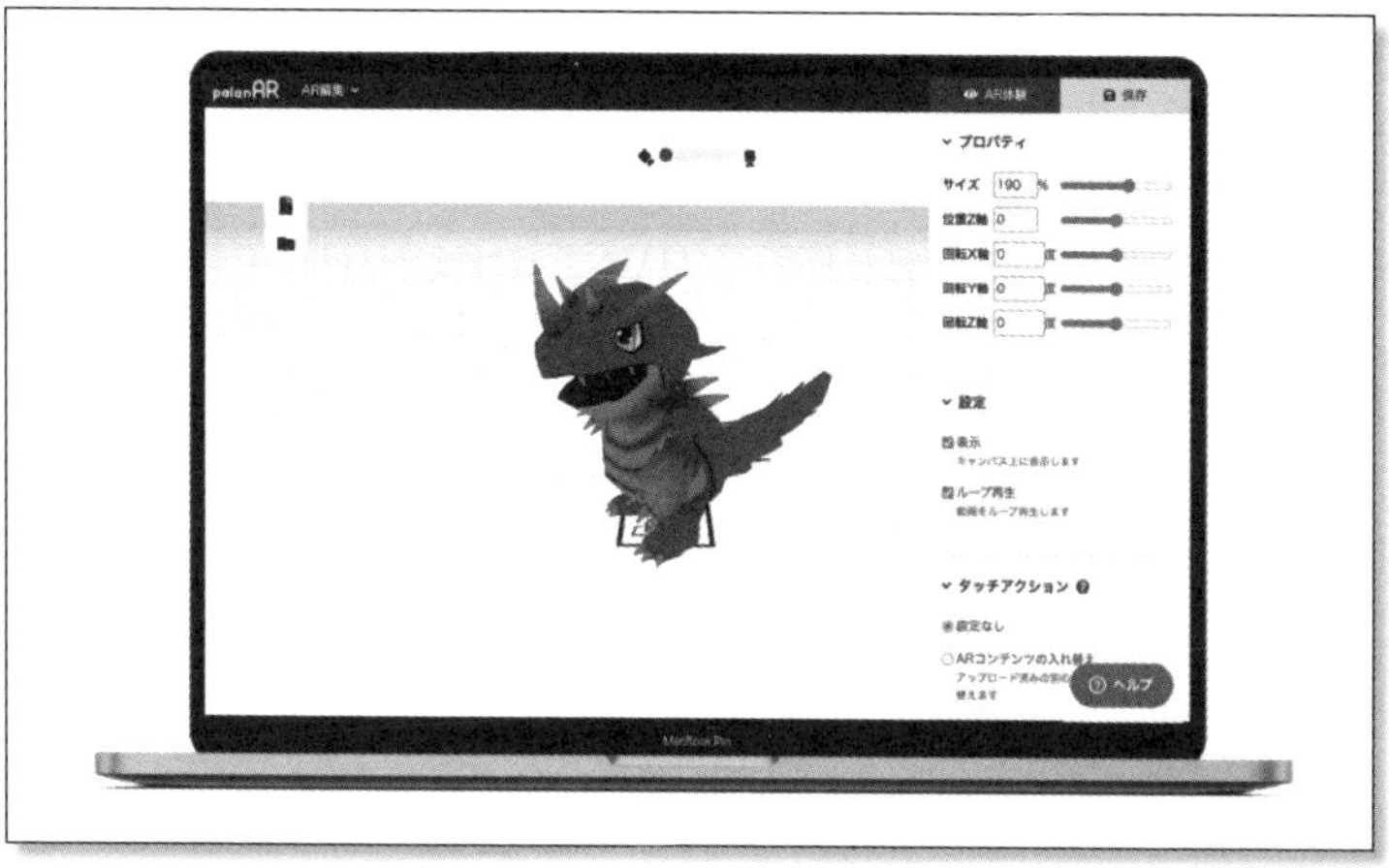

パラナル事例

２０２１年１月という成人式直前に新型コロナウイルス感染拡大に伴う緊急事態宣言が発出され、イベントが中止に追い込まれます。しかし、一生に一度の成人の日を新成人の方々に楽しんでもらえるようにと、さまざまなアイデアが出た中でウェブARを使用した「ARフォトフレーム」を提供できないかと模索します。すぐにパラン社に連絡を取り、無料トライアルを開始し、職員が操作するだけでウェブARが簡単に制作できることを確認し、フォトフレームのクリエイティブ制作に着手したそうです。

　VR／ARは、エンターテイメント事業で採用されることが多いです。開発費用がかかるため、大企業の活用が中心となっています。しかし、パラナルは導入コストが低く、かつブラウザから利用できるため、これまでＡＲを活用したことのない業界や企業への利用が増加しています。例えば、建築設計事務所が自社の年賀状にＱＲコードを貼り、ＡＲ経由で動画が再生できる機能をつけたり、学生が自身の卒業制作で活用したりするなど、ＡＲ活用の場の裾野を広げる役割を担っています。

今後、すべてのビジネスがデジタル化、オンライン化されるであろう世界において、文字情報だけではなく３Ｄで商品を表示し、実際の空間に配置するなど、リッチな情報を利用者に提供できれば、大きなアドバンテージになると思われます。

Section 8

工務店の基幹システムと連携した業務モバイルアプリで営業効率化（ユニフィニティー）

社内にある基幹システムから必要な情報だけを業務モバイルアプリと連携し、社外からアクセスできるようにすることにより、外出先の現場で顧客履歴を参照したり、工事完了確認書へのサインをモバイルアプリで行ったりして、そのまま基幹システムに反映することができるモバイルアプリをノーコードツール「ユニフィニティー（Unifinity）」で開発した、A工務店と株式会社ユニフィニティーの事例を紹介します。

ユニフィニティーは、マウス操作で社内業務向けのモバイルアプリ開発ノーコードツールです。紙やエクセルで記入しているような業務をスマホで入力し、データベースで管理できるようになります。カメラやGPSなどのスマートフォン特有の機能を用いたデータ入力も簡単に実現可能です。既存システムや多くのクラウドデータベースと連携できるので、既存システムはそのままで、必要な情報だけスマホで参照して、データを更新することが可能です。

ユニフィニティー作成画面

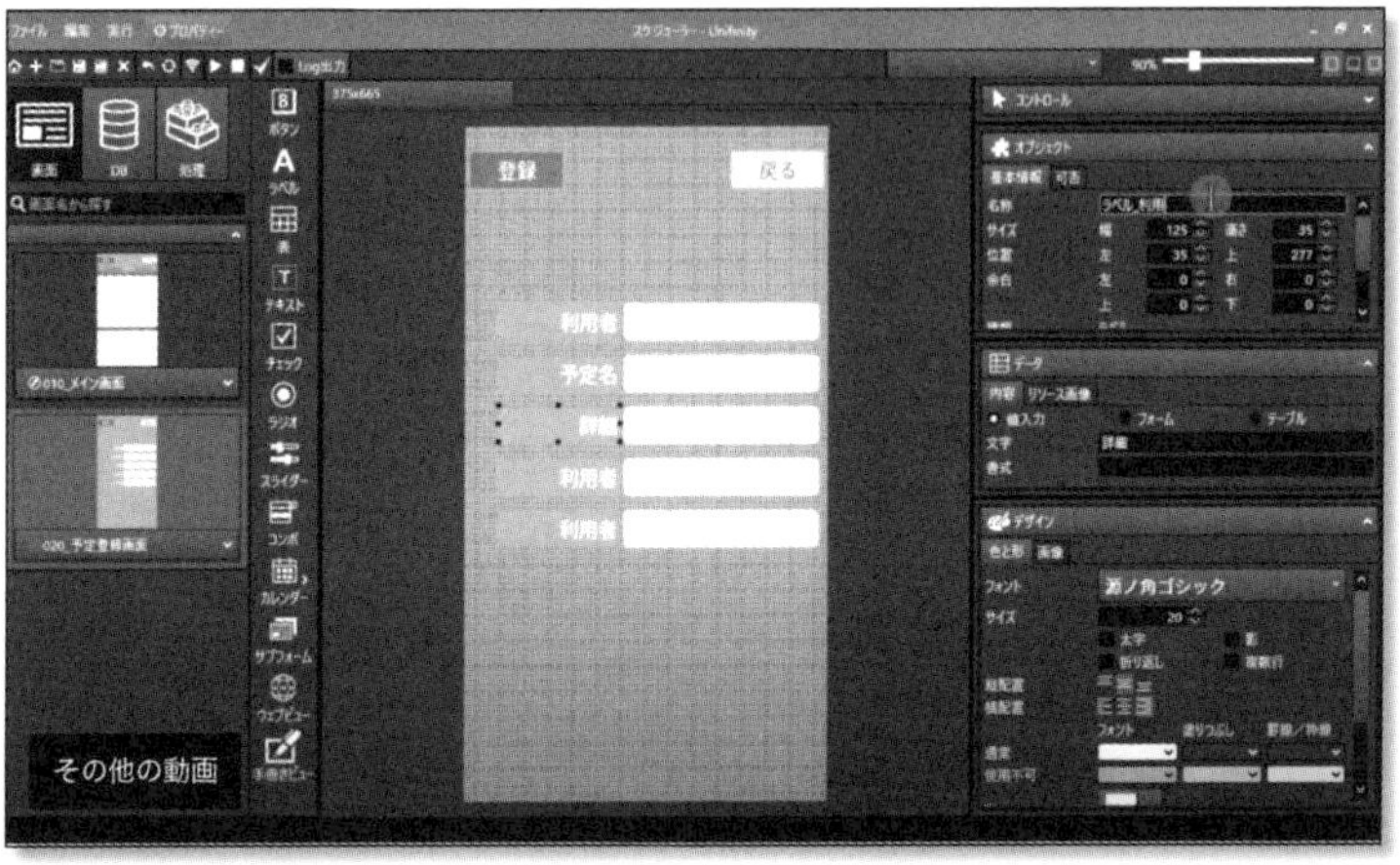

ユニフィニティー事例

A工務店ではこれまで、社内の基幹システムに社外からアクセスできないために、入力のためだけに一度会社に戻って来ないといけない、社外からアクセスできないから紙で持ち出して出先で紙に記入し、職場に戻ってから基幹システムにデータを打ち込むといった、「業務の非効率」について営業担当者などから不満が上がっていました。それと同時に、リフォーム担当部門と分譲担当部門とで顧客情報がリアルタイムで共有できないために手厚いカスタマーサポートが難しいという「情報共有」の問題もありました。この課題をIT開発会社に相談したところ、ユニフィニティーが検討案に挙がって活用に至りました。

ユニフィニティーは、ユニフィニティー・スタジオという開発ツールを使用します。画面デザインから処理ロジック、データベース設定まですべてマウス操作で行え、開発が完了すると専用ファイルが出力されるので、それを利用する社員に配布します。ユニフィニティーを利用する社員は、ユニフィニティー・アプリケーション・プレーヤーというスマホアプリ、またはPCアプリをインストールし、配布された専用ファイルを読み込むと、アプリを利用できます。そのため、スマホアプリとして公開する必要もなく、専用ファイルが配布されている人のみが利用できるというセキュリティ面のメリットがあります。さらに1契約あたりで作成できるアプリ数は無制限なので、複数の業務をスマホアプリ化して、より多くの業務を効率化することができます。

地域の中核病院による待合室の三密対策をIoTで見える化（グラヴィオ）

新型コロナウイルス感染拡大に伴い、自院の待合室が患者や付添者で密状態になっていないかを二酸化炭素（CO2）濃度で計測することで、換気などの対策を適切に行うことができるIoTシステムを、ノーコードツール「グラヴィオ（Gravio）」で開発した社会医療法人石川記念会HITO病院とアステリア株式会社の事例をご紹介します。

グラヴィオは、IoTセンサーなどのハードウェアと、センサーデータを取得して、一定値になったら別のアクションを定義できるソフトウェアの両方を提供しているノーコードのIoTプラットフォームです。設定用アプリのグラヴィオ・スタジオを使ってIoTセンサーとエッジコンピュータを無線接続（Zigbee）することですぐにデータ収集を開始、さらに警告灯の制御やメッセージアプリによる通知などのアウトプット方法を直感的な操作画面にて設定することで利用できます。

HITO病院では、地域中核病院としてクラスター感染対策が必要になる中で、室内換

医療機関でのグラヴィオ利用シーン(HITO病院・総合受付にて)

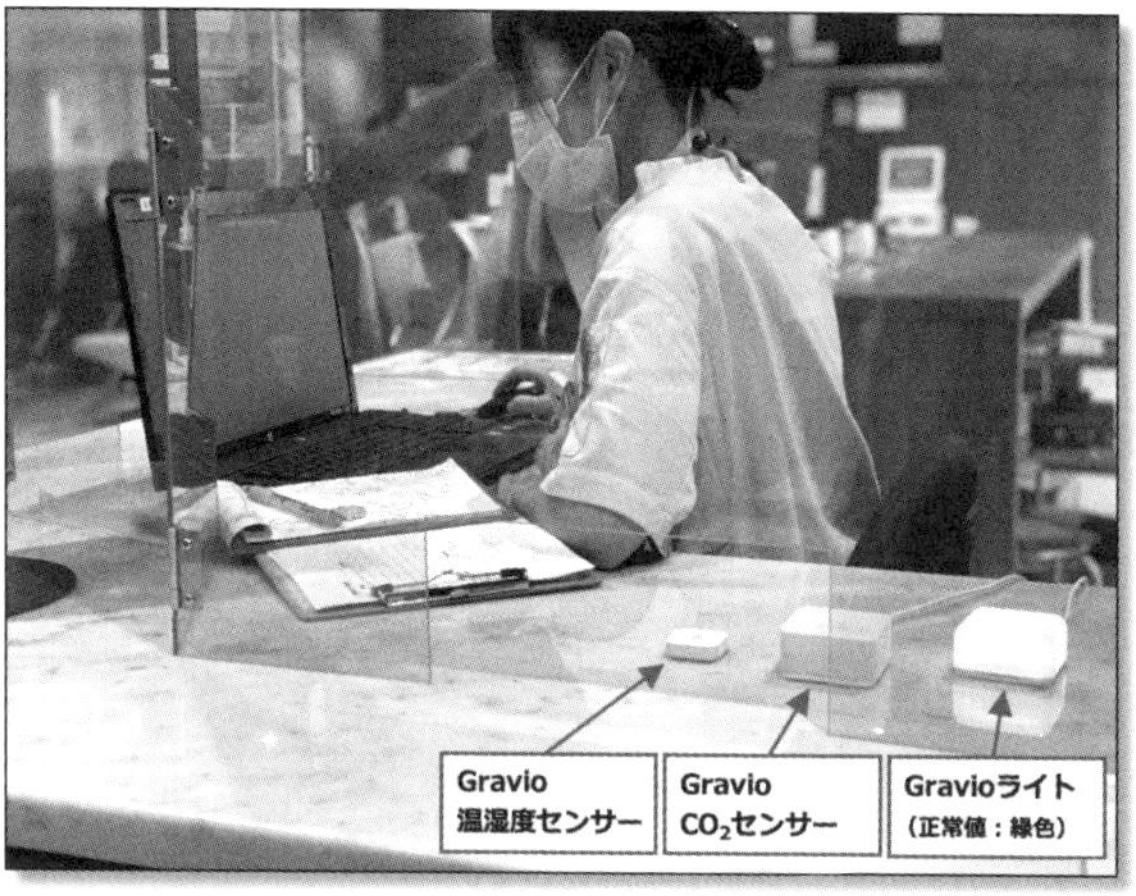

グラヴィオ事例

気を行っています。しかし、常時換気でドアを開けておくと効率的な空調が実現しにくく、さらにセキュリティの問題も懸念されたため、密状態の数値化を二酸化炭素濃度で行うシステムを導入しました。これまで別のシステムで関係のあったアステリアに相談し、グラヴィオを紹介され、病院の担当者が1人で導入したそうです。従来のIoTシステムでは、開発担当者が現地を訪問してセットアップすることが多いですが、コロナ禍では現場対応が難しく、スピードも求められるため、ノーコードツールで病院の中の人が自分たちで構築することが最適解でした。構築が自院でできるということで、システムがブラックボックス化せず、データ分析などの運用も自院で完結できているそうです。

グラヴィオは、CO_2センサー以外にも、温湿度や人感、振動、ドア開閉、距離、物理スイッチなどのＩｏＴセンサーおよび警告灯や電光掲示版を提供し、さらにカメラを使ったＡＩ画像推論による人数検知や顔認証も利用できます。ＩｏＴセンサーというと電子回路むきだしの機械的なものを想像されると思いますが、グラヴィオの機器は、デザイン性が高くスタイリッシュなので、オフィスや待合室に置いていても違和感がありません。グラヴィオを契約すると、必要なＩｏＴセンサー、警告灯や電光表示版、ＩｏＴゲートウェイは購入ではなくすべて無償貸し出しされるため、初期コストも大幅に抑えられることが特徴です。データ取得後のアクションも多種多様で、ＬＩＮＥやスラック、マイクロソフト・チームズなどのメッセージアプリによる通知、警告ライトや電光掲示版の制御、パワーＢＩやグーグル・データポータルなどのクラウド系ＢＩサービスへデータ送信するウェブフック機能まであります。

２０２１年現在では、ノーコードのＩｏＴツールがまだまだ少なく、グラヴィオがフロントランナーとして、製造業に関わらず、さまざまな業種業態への導入を進めています。ＩｏＴはクラウドサービスが活用しきれない現場で広く活用できるソリューションなので、これからの市場拡大が期待されます。

Section 10

ベータ版で1カ月、公開まで2カ月の爆速開発を成し遂げたランチ事前決済アプリ（スマートディッシュ／アダロ）

ランチ時間に飲食店に行く前に、メニューを選んでアプリ上で決済することで、短いランチタイムで料理を待つ時間がなく、着席とともにすぐに料理が出てくる体験を提供する「SmartDish（スマートディッシュ）」を運営する株式会社カーチ（CARCH）の事例を紹介します。スマートディッシュは、現在ノーコードではなくフラッター（Flutter）ベースの開発に移行していますが、初期段階では、「アダロ（Adalo）」というノーコードツールで開発されていました。

スマートディッシュのアプリをランチ時間に起動すると、都内のマップ上に飲食店がピンとして表記されます。その中からお店を選び、メニュー・来店人数・時間を選択し、クレジットカードで決済を行います。するとオーダー内容が飲食店アプリへ送られ、承認されたのを確認し、指定時間に来店することですぐに料理が食べられます。会計時にレジで並ぶこともなくなることで快適なランチタイムを過ごすことができます。

スマートディッシュの利用画面

スマートディッシュ事例

もともと起業を志していた代表の中村氏は、新型コロナウイルス感染拡大の影響で飲食店が打撃を受ける中、自分たちに何かできないかという中でアイデアを発案しました。デリバリーやテイクアウトは配送料や容器代など飲食店への負担が大きいコスト構造となっているため、お客様が直接来店することで手数料の負担を減らしたモデルとなっています。また、お店の価値を最大限引き出すためには「できたての料理」「空間」「人とのつながり」が重要な要素と捉え、店内飲食における顧客体験の向上を目指します。

2020年6月末、アイデアを素早くプロダクトとしてリリースするためにノーコードツール「アダロ」で開発を進め、約1カ月でアプリとして完成させました。そして個人経営の飲食店の方にご協力頂き、テスト利用によるアプリの改善を1カ月で行い、計2カ月でサービスをリリースさせ、2020年9月にベータ版を公開しました。その後、多くのキャンペーン等を実施し、ユーザー数が1500人を超えた2021年1月にフラッター×ファイアーベース（Firebase）へ移行しています。

最低限の機能で開発と検証を行うことで最短期間でリリースし、その後エリア拡大とユーザー数増加に伴う、機能拡充と速度改善を目的にコーディングによる開発を行いました。最低限のコストで顧客ニーズを検証し、徐々に機能を拡充させ、確実にサービスを成長させていくそのやり方は、リーンスタートアップそのものであり、ノーコードを非常にうまく活用している事例です。

モバイルアプリで運用の効率化と利用者分析精度の向上（Yappli）

米スポーツウエアブランド「アンダーアーマー（UNDER ARMOUR）」日本総代理店の株式会社ドームでは、２０１８年よりクラウド型アプリプラットフォーム「Ｙａｐｐｌｉ」を導入し、モバイルアプリを用いたＯＭＯ（オンラインとオフラインの統合）施策を実施しています。

アンダーアーマーでは、以前よりＥＣサイトを運用していたものの、利用者が店舗とＥＣサイトをどのように利用しているかを把握しにくい状況にありました。そのため、店舗での購買データ取得を目的にポイントカードを配布し利用を促したものの、カードの利用率と製造コスト、データ取得後の利用者へのコミュニケーション方法が課題となり、これらの課題解決のためアプリ導入に至ったという経緯があります。

Ｙａｐｐｌｉを用いて制作したアプリで、会員カードの特典として店舗での割引施策を実施した結果、店舗でのダウンロード数、利用率が伸び、２０２０年末現在でアプリ会員は５０万人を超えています。

Yappliで制作したUNDER ARMOURのスマホアプリ画面

Yappli事例

またＥＣサイトへの導線を設けた結果、現状ＥＣサイトの売り上げの２５％程度を占めるまでになり、店舗の購買状況を把握するだけではなく、ブランドと利用者をつなぐチャネルとして売り上げに貢献するほど大きく成長しています。

同社では過去に、直営店で利用者が利用するためのアプリを自社開発した経験があったものの、ＯＳのバージョンアップや、企画立案から開発までにかかる期間の長さに課題を感じており、保守性・開発効率向上のためクラウドサービスの利用を検討していました。その点、Ｙａｐｐｌｉはアプリの開発・運用・分析を素早く一つのプラットフォーム上で行うことができ、最新のＯＳへのバージョンアップも無償対応可能なため、要件を満たすのに十分な機能性を持っていました。

またＹａｐｐｌｉはノーコードツールを提供するだけでなく、リリース前にはデザイン制作や顧客基盤システムとの接続開発（コーディングを伴う）を行っており、大企業や有名ブランド向けにも十分対応可能な導入支援や組織体制を取っています。

アプリ導入後はＹａｐｐｌｉのＣＭＳ（Contents Management System）を使い、ＩＴ未経験の社員が日々のプッシュ配信や画像などの差し替えを行っています。コロナ禍では室内で行えるトレーニング動画のページを作成し配信するなど、状況に応じて適切なコンテンツの設定をノーコードで行っています。ＹａｐｐｌｉではＣＭＳに設定したダイナミックなレイアウトやページ遷移の変更、機能追加を即時反映できる機能があるため、自社開発や他のノーコードツールで通常必要となるビルドやアップデートの対応時間を大幅に短縮することができます。そのため、アクセス数などを確認し、設定内容を柔軟に変更しながらアプリの改善を行えます。また、サポートページや効果的な事例の把握により、社員が自発的にアプリの改善を考える習慣が浸透しており、理想的なノーコードツールの利用体制とマインドセットが整っているといえます。

同社では今後も、Ｙａｐｐｌｉを用いモバイルアプリを継続して進化させていくことで、利用者のブランド体験を向上させていこうとしています。

CHAPTER 05

ノーコードツールの種類と選定基準

ノーコードツールの種類と選定基準

ここまでノーコードという概念全体における事象について説明してきましたが、本章では各ツールや分類、ツールの選定基準や特徴などについて紹介します。

ノーコードツールの分類

ノーコードツールは大きく、「ウェブデザイン系」「データ管理系」「タスク自動化系」に分かれるという話を第1章でしました。プログラミング経験がある方だと、ウェブデザインがビューで、データ管理がモデル、タスク自動化がコントローラーというようにMVC（Model View Controller）設計に当てはめるとわかりやすくイメージできるかもしれません。

また、ウェブの仕組みをご存じであれば、フロントエンドと呼ばれる部分がウェブデザイン系、バックエンドのうちデータベース部分がデータ管理系、ビジネスロジックと呼ばれる部分がタスク自動化系という当てはめ方になります。

この3分類に当てはまらないものもあります。それは「オールインワン系」です。オールインワン系とはウェブデザインもデータ管理もタスク自動化も全部コミコミで機能を提供しているノーコードツールのことです。オールインワン系ノーコードツールは、どのような業務やサービスでも対応できる文字通り汎用的に開発可能なツールになります。また一部のオールインワン系ノーコードの中には、全部コミコミで機能を提供しているツールながら、利用シーンが決まっているものがあります。例えば、ECに特化している、SNSに特化している、金融業務に特化している、などです。

本章ではこれらの4分類に分けて紹介します。

ウェブデザイン系

ＩＴツールと聞いて、ぱっと思いつくのは「ホームページ」という人が多いのではないでしょうか。ウェブサイト構築の分野では、ホームページ・ビルダーという、その名の通り「ホームページをビルド（構築）する」ソフトウェアが、２０００年頃に販売開始しています。それ以降ホームページを作成するツールは現在まで販売され続けているので、「え？　いまさら？」と思う方もいるかもしれません。しかし本書では、ソフトウェアをインストールしなくても、ＰＣとインターネット環境さえあれば使えるものを「ノーコードのウェブデザインツール」として紹介していきたいと思います。

ウェブデザイン系ノーコードの歴史

ウェブデザイン系ノーコードの歴史は、1994年に日本IBM（現在はジャストシステム）が「ホームページ・ビルダー」を販売したことが始まります。その後、アドビが「ドリームウィーバー（Dreamweaver）」を売り出し、「ヤフー！ジオシティーズ」（現在はサービス終了）やデジタルステージが提供する「バインド・フォー・ウェブライフ（BiND for WebLiFE＊）」（現BiNDup）などさまざまな製品が販売され、広く活用されてきました。一方でサーバーインストール型では、無料のオープンソースソフトウェアである「ワードプレス（WordPress）」が2003年に提供開始されます。ワードプレスは2018年にバージョン5・0がリリースされました。5・0ではビジュアルエディターであるグーテンベルグが採用されたことで、無料ツールでも部品を組み合わせてビジュアル的に開発を進めることができるようになりました。

現在のウェブデザイン系ノーコードツールにつながるインストール不要のクラウド型ツールとしては、2006年に提供が開始された「Wix」があります。Wixは部品を組み合わせてデザインし、パワーポイントを触るようにビジュアル的にウェブサイトを開発できるようにした最初のノーコードツールです。その後、現在までさまざまなノーコードツールが提供されています。４分類の中でも一番ツール数が多く、かつどんどん新しいユーザー体験を持つツールが出てきているエリアでもあります。

Webflowの画面

Webデザイン画面例

ウェブデザイン系ノーコードを選ぶ基準

ウェブデザイン系ノーコードツールを選ぶ基準は、テンプレートの豊富さ、拡張性の高さ、デザインの柔軟さなどです。ウェブサイト制作に慣れてない方が、カスタマイズ性の高いツールを選ぶと、ページ一つ作るのも大変です。ワードプレスなどでのウェブサイト制作経験がない方は、まずはテンプレートやデザイン部品が豊富な比較的簡単に利用できるノーコードツールを使うことをおすすめします。テンプレートについても、海外のきれいなデザインのものを持ってきて、日本語にするとフォントの違いから、途端にかっこ悪く見えてしまうことがよくあります。全く同じようなサイト構成が作れるようなら、国産のツールを使うようにしたほうが、きれいに見えることが多いのです。

おすすめのウェブデザイン系ノーコードツール

ウェブ制作の経験がなくても簡単にサイトが作れるものから順にご紹介します。これ以外にもウェブデザイン系ノーコードは毎月のように誕生しているので、いろいろと探して自分に合うものを見つけるのも楽しいでしょう。

ペライチ

一瞬できれいなページが作れてしまいます。国産ノーコードツールというところもポイントが高く、日本の企業文化にあったテンプレートをたくさん提供してくれています。名前の通り、一枚ページを作ることに特化しているため、ニュースやブログのような記事が多いサイト制作には向いていないですが、ランディングページを作るにはこれで十分です。オンライン決済などの機能もあります。全国の中小企業でウェブサイトを持っていないユーザー向けに作られているので、サポートも手厚く、ＩＴに明るくなくても使えます。ランディングページを作るときに迷ったら、最もおすすめできるツールです。

https://peraichi.com/

カード（carrd）

海外版「ペライチ」です。こちらも１ページのサイトに特化していますが、決済サービスのストライプ（Stripe）、ペイパル（PayPal）、ガムロード（Gumroad）などと簡単に連携できる点が特徴です。海外では、商品数が少ないケースや、個人でデジタル商品を販売するケースで、カード＋ガムロードの連携が流行っています。

https://carrd.co/

グーグル・サイト（Google Sites）

グーグル・アカウントを持っていれば、無料で簡単にウェブサイトが作れます。グーグル・マップやグーグル・カレンダーとの共有も簡単にできます。

https://sites.google.com/new

次からは、少し汎用性が上がり、より細かくデザインできるツールをご紹介します。

スタジオ（STUDIO）

スタジオは国産のウェブデザインノーコードツールです。デザイン面、特にCSSにこだわっており、アニメーションや日本語フォントが豊富です。モリサワが提供するウェブフォントサービス「タイプスクエア（TypeSquare）」が使えるのもよいポイントで、無料で使えるスタジオ・サイト（studio.site）のドメインもオシャレです。国内では、デザイナーが好んで使用しており、サポートもきめ細やかです。

https://studio.design/ja

Wix

Wixは、イスラエル発祥の世界で1億人以上が利用するドラッグ&ドロップのホームページ作成ツールです。サーバーインストール型ではワードプレスが有名ですが、Wixはクラウド型では世界で最も有名です。特にADI（人工デザイン機能）という機能を使用すると、表示したい内容を入力することで、内容に合わせたデザインをAIが自動で作成するため、デザインも考える必要がなくなりました。2020年にはエディターXという新しい制作ツールをリリースし、よりデザイン性の高いウェブサイトを簡単に作れるよう進化を続けています。「アプリ」を使えば、機能を追加することができるので、ネットショップなどの機能も、アプリで機能追加することで作ることができます。

https://ja.wix.com/

ここからはさらに高機能で汎用的なツールになります。ウェブサイト機能だけではなく、データベースと連携してウェブアプリとしての機能も持ちます。

ウェブフロー（Webflow）

ウェブフローは、2013年にサンフランシスコで生まれたウェブデザイン系ノーコードツールです。テンプレートも豊富で、多彩なアニメーション効果も実現できます。海外とのノーコードツールと連携するウェブサイトとしてよく使われるツールで、エンタープライズ向けでは、海外のDELLや楽天のページなどもウェブフローで作られています。HTML／CSSのコードを出力する機能があるため、他のツールへの移行も容易です。また、これまでに紹介したツールと違い、さまざまな外部データベースと連携できるため、コンテンツ管理がしやすいという特徴もあります。

https://Webflow.com/

ワードプレス（WordPress）

世界のウェブサイトにおけるシェア40％（2021年2月時点）を占めるオープンソースのノーコードツールです。インストール型のためサーバーを自分で用意する必要がありますが、インストールを自動で行ってくれるレンタルサーバーサービスが多く、またテンプレート（テーマやプラグイン）が豊富で簡単にインストールできるため、コードを全く編集することなくウェブサイト制作ができます。エレメンター（Elementor）というプラグインを活用することで、デザイン部品をドラッグ&ドロップすることでウェブサイトを制作することができます。アメリカ発のツールですが、日本コミュニティも活発です。インストール型なので、PHPを書くことができればプログラミングで機能を拡張することも可能です。

https://ja.wordpress.org/

ここからは、ある一定の利用シーンや業務で活用できそうな特化型のウェブデザインツールをご紹介します。

ノーション（Notion）

サンフランシスコに拠点を置く２０１６年に設立されたスタートアップで、ドキュメント管理のツールです。デザイン性の高いドキュメント管理ツールのため、一部のページを外部のウェブサイトとしても公開するという利用シーンが多く見られます。例えば、頻繁に更新が入るようなＦＡＱサイトや、更新がそれほどないスタートアップのコーポレートサイトなどで使われることが増えてきています。また国産ツールのアノーション（Anotion）というツールを使うことで、独自ドメインやグーグル・アナリティクスの導入、ＣＳＳなどによるカスタマイズも可能です。簡易なウェブサイトや頻繁に更新が入るウェブサイトには、とてもフィットするツールといえます。

https://www.notion.so/

ソフター（Softr）

ソフターは２０１９年に登場したノーコードツールの中でも比較的新しいツールです。データベースツールのエアテーブル（Airtable）をデータベースとしてさまざまなデザインテンプレートを選択するだけで、きれいなウェブサイトが公開できます。お仕事マッチングサービスやツール検索サービスなど、テンプレートに合わせて、さまざまなサービスが作れます。

https://www.softr.io/

データ管理／顧客情報管理系

企業にとってデータを不整合なく確実に管理し、活用することはどの業種のビジネスにおいても根幹をなす価値です。シンプルな構成のデータであれば、エクセルやグーグル・スプレッドシートにまとめればいいのですが、商談情報や顧客の入金処理などの複雑な業務になってくると、データ量も膨大になるため、エクセルでは管理しきれなくなります。

ここでは、そういったデータを保存管理する種類のノーコードツールについて紹介します。

スプレッドシートとデータベース

みなさんは「スプレッドシート」と「データベース」の違いはわかりますか？　そもそもスプレッドシートとは、シートに入力したデータに対してＳｕｍやｌｏｏｋｕｐなどの関数を設定し、計算結果を表示、グラフ化するための「表計算」に特化したツールです。これに対して、データベースは多人数での利用やデータ再利用（リレーション）、他のツールとの連携を前提に作られています。つまり、見た目は似ているのですが、考え方として「少人数での利用か」「多人数同時利用を想定しているか」で思想は大きく異なります。どちらがいいというわけではなく、シチュエーションに応じて使い分けが必要です。

データ管理／顧客情報管理ツールの歴史

データ管理向けのデータベースや顧客情報管理向けのツールは、昔からノーコードで使えるツールが多くあり、ＣＲＭ（Customer Relationship Management）、つまり顧客情報管理を行うためのツールであるマイクロソフト・アクセスやファイルメーカー（FileMaker）が古くからあります。ＳＦＡ（Sales Force Automation）、つまり営業支援ツールでは、セールスフォースが１９９９年というインターネット黎明期から存在し、近年でもハブスポット（HubSpot）など多くのノーコードツールが登場しています。データ管理／顧客情報管理

Airtableの画面

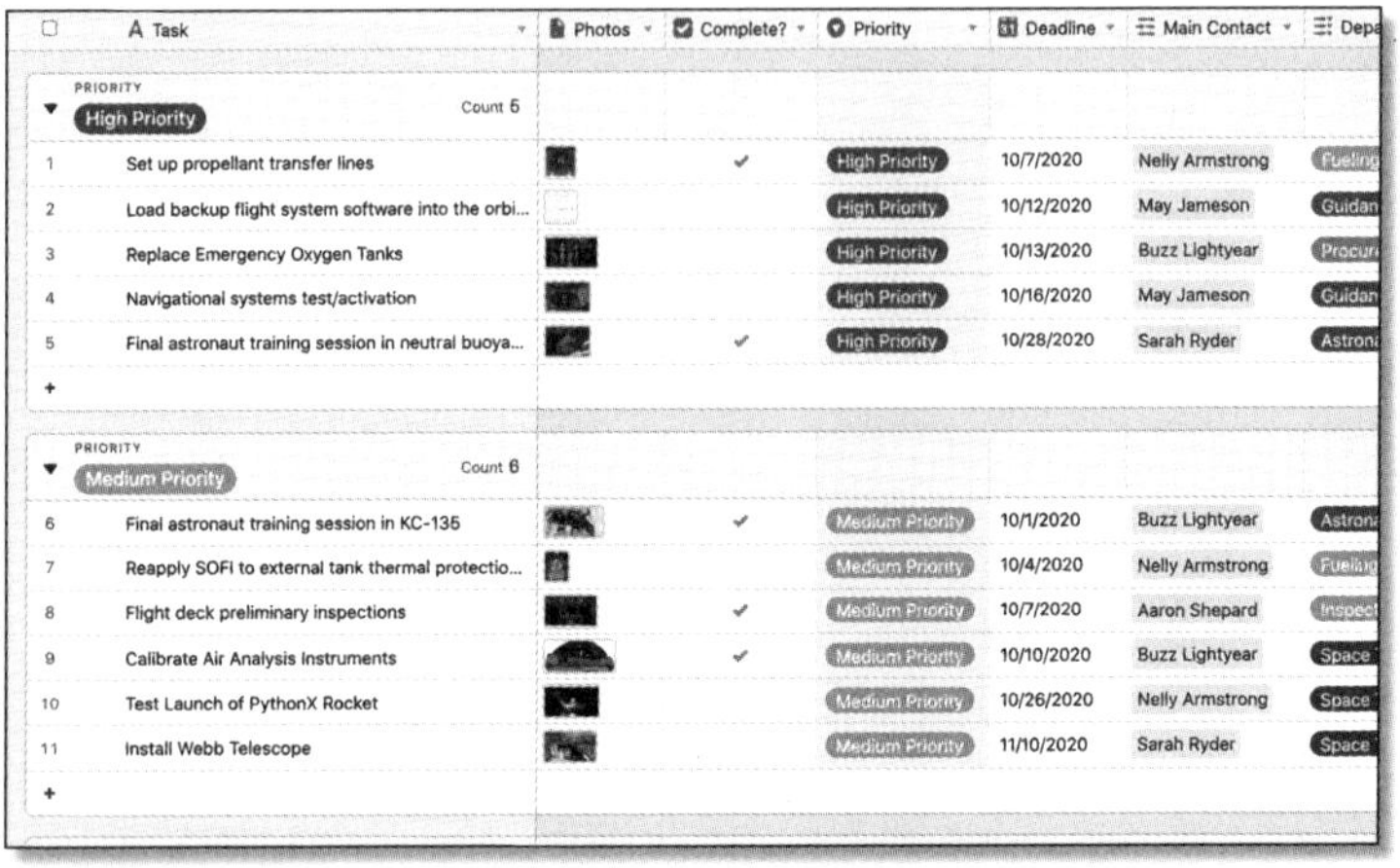

データ管理画面例

ツールは、ノーコードツール分類の中で最も機能が多様化しているカテゴリです。

データ管理／顧客情報管理ツールを選ぶ基準

データ管理向けのデータベースや顧客情報管理向けのツールは、企業にとって最も重要なシステムとなるため、ただ情報を保存する仕組みだけになると問題が生じます。まずは管理するデータがどのような業務で発生するのか、どのような業務で活用されるのかという利用シーンをあらかじめ設定し、それに必要な機能を洗い出します。そしてその機能を実現するツールを選定するという流れになります。

他のノーコードツールと違い、データ管理機能を持つツールは情報セキュリティについても考慮する必要があります。情報セキュリティのガイドラインであるＩＳＯ２７０００や経済産業省のサイバーセキュリティ経営ガイドラインに準拠しているサービスかどうかを確認することに加え、利用方法そのものが社内の情報セキュリティポリシーに合致していることを確認しましょう。海外のノーコードツールでは、Ｐマークや経産省のガイドラインなど国内のルールが適用されていない場合があります。その場合は世界的な基準であるＰＣＩ ＤＳＳやＮＩＳＴサイバーセキュリティフレームワークなどに準拠しているか確認しましょう。

おすすめのデータ管理／顧客情報管理系ノーコードツール

エアテーブル（Airtable）

エアテーブルは２０１２年にスタートしたサンフランシスコ・ベイエリア発のクラウドデータベースのツールです。これまでのデータベースと違い、ＵＩデザインが直感的でより簡単にデータベースを理解できるのが特徴です。２０２１年現在、ノーコードのスタートアップの中では最も資金調達額が多く、ユーザー数も倍増しています。テスラはエアテーブルを使用して、工場を出る車両の在庫追跡システムを実装しています。エアテーブルの特徴としては、エクセルのような親しみやすい見た目ながらもデータの相互関係（リレーション）などのデータベースの要件をしっかりと満たしていることです。ウェブフローをはじめ、他のノーコードツールのデータベースの代用として使われるケースが最近増えてきました。

https://airtable.com/

キントーン（kintone）

サイボウズ株式会社が提供している国産のクラウドデータベースのツールです。エアテーブル同様にエクセルのような見た目と直感的なデザインです。違いとしては、エアテーブルがデータベースをエクセル形式のスプレッドシートから作成するのに対して、キントーンは入力画面から作るのが特徴です。これは帳票を多く使用する日本の企業文化に基づいています。帳票を紙からデジタル化するときに、入力しやすく、管理もしやすくしている点がキントーンの大きなメリットです。第4章でも紹介した兵庫県加古川市における、特別定額給付金のオンライン申請では、マイナンバーカードを使わない郵送ハイブリッド方式で事務手続きを大幅に省力化しました。基幹システムのデータベースとして使用されるというよりも、オフィス内に多くあるエクセル業務を早く簡単にデジタル化するという利用シーンが多く見られます。

https://kintone.cybozu.co.jp/

ゾーホー（Zoho）

ゾーホーＣＲＭは、世界１８０カ国、１５万社以上の企業のグローバルネットワークで利用され、より多くの見込み顧客を顧客にし、顧客との関係を深め、収益を拡大していきます。世界で最も人気のある顧客情報管理ノーコードツールの一つです。顧客管理業務に必要なすべての機能がゾーホーには含まれていて、アプリをインストールすることで機能拡張することも可能です。開発がインドのチェンナイで行われているのがユニークな特徴です。他の高機能顧客管理ツールと比較すると、ライセンス金額が格安です。国内ではまだまだ認知が低いですが、これから大きくなっていく顧客情報管理ツールです。

https://www.zoho.com/jp/

セールスフォース（Salesforce）

セールスフォース社は１９９９年にアメリカのカリフォルニア州で設立され、今や日本でも大手企業の顧客情報管理ツールの代名詞ともなっています。エンタープライズ向けのライセンスが１万８千円／月なので、他の顧客情報管理ツールと比較してやや高価ですが、とても高機能で高可用性（安定的にサービスが提供されている）なのが特徴です。また多くの外部連携サービスが存在し、顧客管理業務以外にも多くの業務で利用されている汎用的なＣＲＭツールといえます。

https://www.salesforce.com/jp/

ノーション（Notion）

約２千億円の企業価値と評価されたユニコーン企業「Notion Labs, Inc.」によって運営されており、全世界で４百万人以上が利用しているスタートアップサービスです。ノーションは「オールインワン」の万能ツールといわれています。ノーションの特徴は、なんといってもその「万能さ」にあります。万能であるがゆえに、先にウェブデザイン系ツールとしてご紹介しましたが、データ管理ツールとしても活用できるので、ここでもご紹介します。コアな機能は「ドキュメンテーション」ですが、プロジェクト管理やスケジュール管理、社内ウィキなど、目的に応じてさまざまな使い方ができます。似たようなツールでは、エバーノート、スクラップボックス、ドロップボックス・ペーパー、ボックス、ノート、トレロなどがありますが、それらのよいところをすべて取り込んでいるツールです。

約2千億円の企業価値と評価されたユニコーン企業「Notion Labs, Inc.」によって運営されており、全世界で4百万人以上が利用しているスタートアップサービスです。

https://www.notion.so/

タスク自動化ツール

ここまでさまざまなノーコードツールを紹介してきましたが、ある程度使い慣れてくると、「別のツールのあの機能があったらいいのにな」という場面が出てくると思います。そんなときに便利なのが、iPaaS（integration Platform as a Service、アイパース）と呼ばれるノーコードツールです。iPaaSとは、ノーコードやクラウドソフトウェア（SaaS）間をAPIでつなぎ、ノンプログラミングでもソフトウェア同士の連携を実現するソフトウェアになります。代表的なツールとして、ザピアー（Zapier）などがあります。

iPaaSの歴史と注目される理由

ｉＰａａＳの歴史は他のノーコードツールと比較して歴史が浅いです。後述するザピアー（Zapier）は２０１２年に初版がリリースされましたが、当時ｉＰａａＳという言葉はありませんでした。その後、ＩＦＴＴＴ（イフト）や国内ではヤフーがマイシングス（myThings、２０１９年終了）をリリースしましたが、ビジネス利用が浸透してきたのは、２０１８年頃のことです。その頃からｉＰａａＳという言葉が浸透し始め、クラウドサービス間をデータ連携するという概念が広く知られるようになりました。

自動化というとＲＰＡ（Robotic Process Automation）を連想する方も多いと思うのですが、ｉＰａａＳとＲＰＡは異なるものです。ＲＰＡとはパソコンの画面にあるコンピューターのマウスやキーボードの動きを記憶して、事前に設定した動作を自動化するもので、繰り返し処理が多い事務処理などによく使われています。対して、ｉＰａａＳはソフトウェア間をＡＰＩでつなぎ自動化するものになります。ＲＰＡとｉＰａａＳは、自動化するという行為は同じなのですが、パソコンの画面から自動化をするのか、システム的な接続で自動化を実現するのかというように、アプローチが全く異なります。

日本企業では、業務を自動化する技術としてＲＰＡがよく使われています。代表的なツールとしては、ウィンアクター（WinActor）やユーアイパス（UiPath）、オートメーション・エニーウェア（Automation Anywhere）などがあります。これは、日本では自社のネットワー

ザピアーの画面

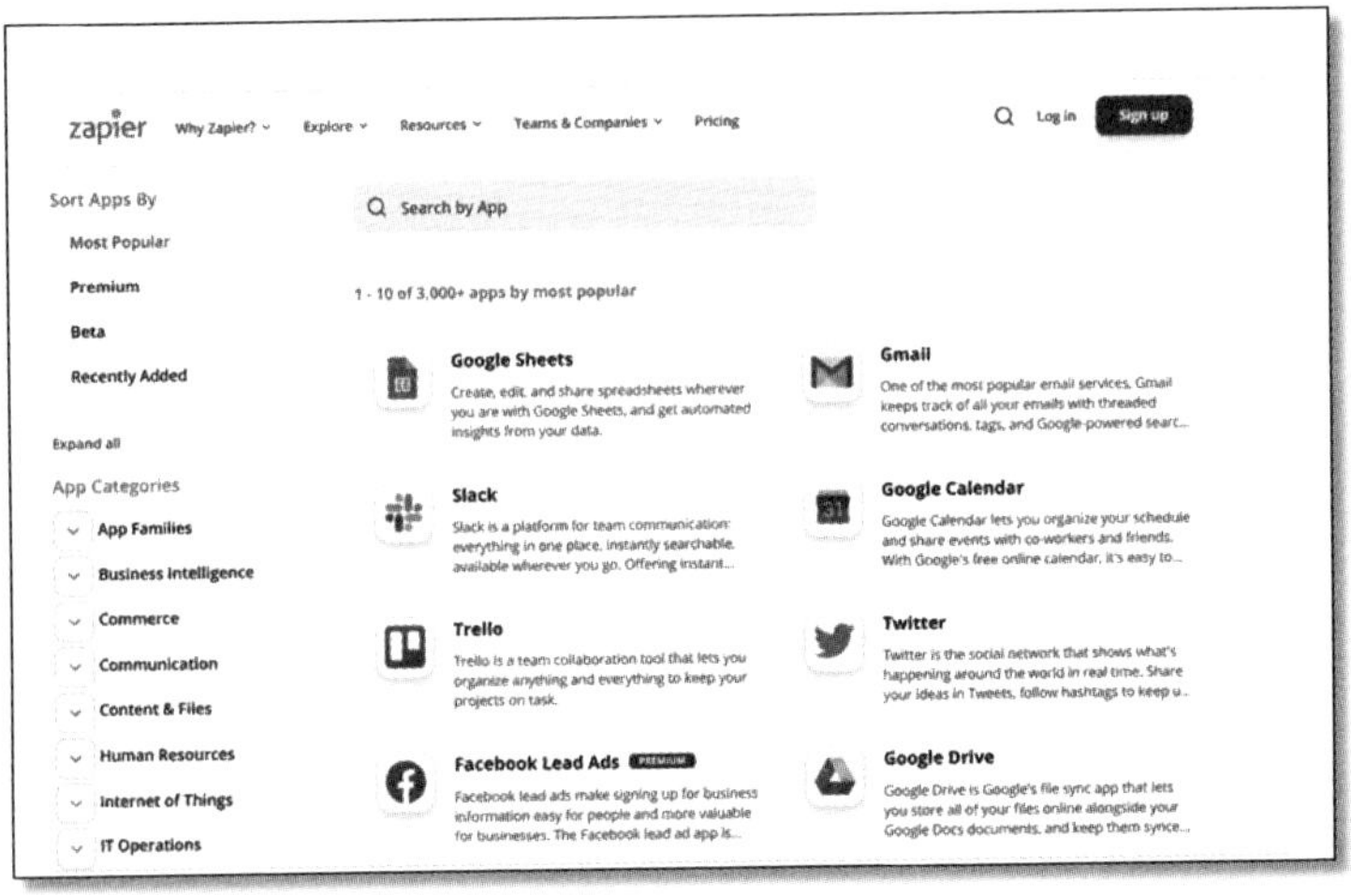

クの中で情報システムを保有し、自社内の設備によって管理する方式（オンプレミス方式）が多く、インターネット公開が前提になっているｉＰａａＳよりも、ＲＰＡのようなアプローチが適しているためです。ところが、最近は海外を中心にＡＷＳのようなクラウドインフラと呼ばれるインターネットなどの外部へつながるネットワーク経由でのデータ管理方式が中心になってきました。自社内で開発するオンプレミスと違い、クラウド型のサービスは、仕様変更がかなり多く、ＵＩデザインもコロコロ変わります（翌日いきなり画面が変わるというのも度々あります）。ところが、見た目が変わるとＲＰ

Aのようなソフトはそれに合わせて設定を変更しないといけなくなり、クラウドサービスを多く活用している会社は、iPaaSのようにソフトウェア間をAPIでつなぎ自動化する方式が合っているということになります。

iPaaSを導入するメリット

ビッグデータの時代といわれるようになり、企業のデータ管理、データの同期・連携などが複雑化しています。特に先に紹介したクラウドにデータを保存する企業が増えていることで、自社内のサーバーだけでなく、顧客情報はキントーンにあり、請求書はフリー(freee)というように、それぞれが別サービス、別サーバーで管理しているという状態も増えてきました。

しかしながら、「手動でデータを転記する」「CSVファイル形式でデータをインポートする」「自前で新しいプログラムを開発する」ということはできません。そこで、自動化ツールの出番になります。例えば、ザピアー(Zapier)というツールでは、3千以上(2021年2月時点)のアプリケーションが登録されており、マウス操作だけでアプリ間の接続が完了してしまいます。

タスク自動化ツールを選ぶ基準

タスク自動化ツールを選ぶ基準は「連携可能アプリ数」と「操作や動作のしやすさ」になります。連携可能アプリ数は、多いほうがいいです。ただそれよりも自分の連携したいアプリがあるかどうかが重要です。特に国内の会計業務クラウドサービスのフリーなどは、まだ連携できるタスク自動化ツールが少なく、ザピアーやエニーフロー（2021年2月）しかありません。そのため例えばフリーを簡単に接続したいという場合に選べるツールは、ザピアーかエニーフローを選択せざるを得ません。また日本国内においては、タスク自動化ツールはＲＰＡがメインであることが多いことから、連携できるサービスがそもそもないということも多くあります。操作方法はツールごとにさまざまですが、近年はインテグロマット（Integlomat）のようにＵＩデザインに力を入れ、ビジュアル重視で簡単に操作できるものも登場しています。ほとんどのタスク自動化ツールは無料プランがあるので、実際に確かめてから自社に合うものを選ぶことをおすすめします。

おすすめのタスク自動化ツール

ザピアー（Zapier）

iPaaSのパイオニアで、2021年3月時点で最もアプリ連携数が多いノーコードツールです。3千以上のアプリに連携することができます。ノーコードツールの代表格であるバブル（Bubble）のプラグインでザピアーが使えるのもいいポイントです。

https://zapier.com/

インテグロマット（Integromat）

チェコ・プラハで開発されている、UIデザインがとても洗練されているツールです。データの入力と出力の間に複数のアクションの分岐を作ることができるため、単一のデータ連携よりも複雑な条件分岐を実現することができ、簡易的なプログラミングが実現できます。一つの連携設定（シナリオ）で複数のサービスに同時にデータ連携を行うことが可能です。

https://www.integromat.com/en/

イフト（IFTTT）

ハードウェア系に強い自動連携ツールです。スイッチボット（SwitchBot）など温度計などのIoTデバイスなどにも連携できるのが大きな特徴です。

https://ifttt.com/home

パラボラ（Parabola）

複数アプリを並走して処理を自動化することができます。海外ではザピアーの次にインテグロマットとこのパラボラがよく利用されている印象です。

https://parabola.io/

オートメイト・アイオー（Automate.io）

業務系システム向きのノーコードツールです。セールスフォースやゾーホー、ノーションなどの業務系のツールに対応していることが大きな特徴です。

https://automate.io/

オールインワン系

ここまで3分類について紹介してきましたが、実はウェブデザインもデータ管理もタスク自動化も全部コミコミで機能を提供しているノーコードツールがあります。それを本書ではオールインワン系ノーコードツールと呼びます。この分野は海外では有名なツールがいくつも出ていますが、国内ではまだまだ少ない分野です。この分野のツールの素晴らしいところは、一つのツールを学習すれば、UIデザインからシステム開発までをワンストップで行うことができるという点です。例えばプロトタイプ検証やMVPを爆速で立ち上げる必要があるようなシーンでは、オールインワン系のツールが力を発揮します。より安定的に多機能なサービスを提供する場合は、複数のノーコードツールを使用する必要がありますが、小さく検証する場合や小さくビジネスをスタートさせる場合には強力な武器になります。

オールインワン系ノーコードの歴史

オールインワン系で一番古い歴史を持つのが、ＥＣ業務に特化しているショッピファイ（Shopify）です。ショッピファイのリリースは２００６年までさかのぼります。もともとスノーボードの通販サイトを２００４年から自分で運営していた創業者が、商品よりも通販の仕組みそのものに価値があることを発見し、２年後にＥＣサイト構築ツールとして立ち上げています。ＥＣに特化しているものの、当時から機能拡張性を意識した作りになっていて、ユーザー側で細かくカスタマイズができることが特徴です。さらに現在では、コードを書くことでデザインテンプレートをゼロから作ることもでき、どんどん機能が拡張されています。

ショッピファイに遅れること6年、２０１２年にバブル（Bubble）がリリースされます。バブルは、どんな業務でもどんなサービスでも開発できる汎用型のノーコードツールです。ウェブデザインはドラッグ&ドロップでできますし、タスク自動化の部分もブロックを組み立てる方式で開発できます。データベースはエクセルのように簡単に設定することができます。

代表的な二つのツールは、ノーコードツールに至るまでの経緯が異なります。ショッピ

Bubbleの画面

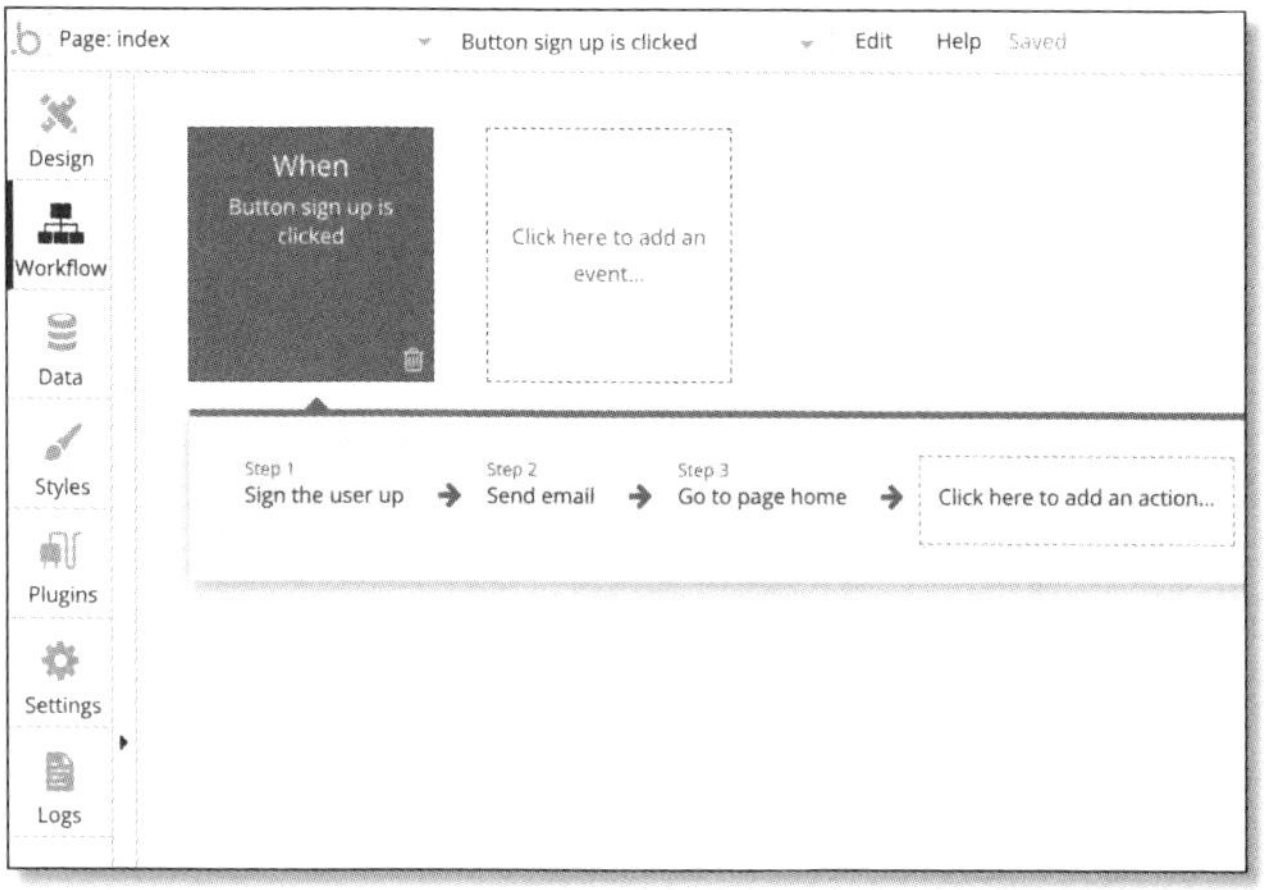

オールインワン系画面例

ファイはSaaSの機能を拡張していくうちに、ツールと呼べるレベルまでさまざまなことができるようになったものです。一方で、バブルはもともとローコードツールとして始まって、徐々に操作をシンプルに抽象化していってノーコードツールになりました。そのため、この二つが世に認知されて以降、ショッピファイのような業務特化型のオールインワン系ノーコードなのか、バブルのような汎用型のオールインワン系ノーコードなのかで、より細かく分類されます。

オールインワン系ノーコードを選ぶ基準

オールインワン系ノーコードを選ぶ基

準で大切なのは、利用する業務を明確にすることです。利用する業務が例えばＥＣであれば、ショッピファイがはまります。業務が明確であれば、まずはその業務に特化しているオールインワン系ノーコードが存在するかどうかを検討するのがいいでしょう。その上で、もし当てはまるツールがなければ、汎用型のノーコードツールを活用するのがいいと思います。

もう一つの基準が、モバイルアプリに対応する必要があるかどうかです。ショッピファイなどの特化型ではモバイルアプリも提供されている場合が多いですが、機能制限があったり、日本語化されていなかったりするものもあります。そのため、まずは試用してみて自分たちの思い描いている通りの使用感かどうかを検討します。汎用型の場合は、モバイルアプリ対応のものがまだまだ少ないのが現状です。モバイルアプリ対応のものでは、アダロ（Adalo）というオールインワン系ノーコードが一番有名です。それ以外にもいくつかありますが、実運用レベルではなかなか難しい場合が多く、これからよりよいツールが出てくることが期待されます。

おすすめのオールインワン系ノーコードツール

ここでは国内外で広く使われているオールインワン系ノーコードツールをご紹介します。

バブル（Bubble）

プロトタイプ検証やMVP開発、社内業務ツールの作成というさまざまな利用シーンで一番使われているツールです。プラグインによる機能拡張も豊富で、かつHTMLを埋め込むことや、ジャバスクリプトで書くこともできるので、ほぼプログラミング開発といってよいレベルの機能が実現できます。ノーコードツールを選定していく中で、どれにも当てはまらなかったらこれを使えばいいといえるレベルの汎用性の高さです。

https://bubble.io/

アダロ（Adalo）

モバイルアプリ開発に特化している汎用型のオールインワン系ノーコードツールです。UIデザインもモバイルファーストでウェブアプリもモバイル表示されます。UIデザインは、コンポーネントと呼ばれるデザイン部品をドラッグ&ドロップすれば簡単に開発できます。画面や部品表示のロジックやデータベースの設定なども選択式で実装できます。開発が終われば、iOSやアンドロイドに合わせたパッケージをダウンロードでき、ストアで申請すればアップストアやグーグルプレイで公開が可能です。

https://www.adalo.com/

グライド（Glide）

グライドは、グーグル・スプレッドシートをもとにモバイル型のＵＩデザインを構築できる汎用型のオールインワン系ノーコードツールです。グーグル・スプレッドシートを読み込むと、自動的にそれがデータベースとして保存され、列項目や行データなどがＵＩデザインに反映されます。デザインは部品として準備されていて、画像をインスタグラムのようなタイル表示にすることや、画像と文章を各列項目から取得して一覧表示することも可能です。マップ表示の部品もあり、住所が格納されている列項目を指定すると、自動的にマップに展開され、住所データにピンが表示されます。

https://www.glideapps.com/

ショッピファイ（Shopify）

ＥＣサイト構築に特化している特化型のオールインワン系ノーコードツールです。さまざまな決済手段に対応していることはもちろん、「アプリ」で機能拡張を行えば、ランディングページの作成から、インスタグラムでの販売設定、SNS広告との連動や、物流倉庫との連動、リアル店舗とのPOS連携など、ECにまつわるすべての業務に対応することが可能です。衣服やアクセサリーなどの物販はもちろん、デジタル商品の販売にも対応しているため、ECではなく決済ツールとして利用する方法もあります。

https://www.shopify.jp/

メンバースペース（MemberSpace）

決済とログイン認証に特化している特化型のオールインワン系ノーコードツールです。ショッピファイは業種特化型ですが、メンバースペースは業務特化型で、いわゆる会員管理業務に特化しています。会員管理機能に必要な、ログイン認証、新規会員登録、会員権限管理、決済管理などが提供されています。ウェブフローやワードプレスなどと連携することで、会員サイトを簡単に構築することができるツールです。日本円に対応している会員管理ノーコードとしては唯一のものになります。

https://www.memberspace.com/

リツール（Retool）

データ修正や集計などのデータ管理業務に特化している特化型のオールインワン系ノーコードツールです。データ周辺の管理業務は、ＳａａＳを運営するエンジニアや社内ＳＥが行いますが、彼らが普段コードを書いてデータを出力したり、編集したりする業務をノーコードで行います。このツールから直接データベースに接続し、ＳＱＬを実行することや、あらかじめＳＱＬを保存しておくことで、非エンジニアでもボタンクリックでデータ修正やデータ抽出を行えるようにする機能を備えています。

https://retool.com/

CHAPTER 06

ノーコードの学習方法

日本語での学習方法

本書出版後も多くの日本語教材が提供され続けるはずですから、アンテナを張って情報を取りに行くことが大切です。本章では、ノーコードで仕事をしている方々がどのように学習しているかを含め、国内外のサービスを紹介します。

２０２１年6月現在、ノーコードを学習するための日本語教材はまだまだ多くありません。ただ２０２０年の同じ時期と比較すると、日本語教材が目に見えて増加しています。もし作りたいサービスが決まっている、またはノーコードで受託ビジネスを始めたいという方は、公式ドキュメントを読み込むのが遠回りなようで最速だと思います。現在ノーコードで仕事をしている方々のほとんどが、公式ドキュメントを参照して学習しているからです。ここでは、初学者の方がとっつきやすい順番でご紹介しますが、学習順序は特に決まりがありません。

まずはユーチューブ動画を探す

本章までの中で、さまざまなノーコードツールの名前を挙げました。その中で興味があるもの、使いたいなと思うものをユーチューブで探してみましょう。もし「バブル（Bubble）」「アダロ（Adalo）」「グライド（Glide）」のような海外の主要なノーコードツールの動画を見たければ、「NoCode School」をユーチューブで検索すると、よいコンテンツに触れられます。国内のノーコードツールであれば、多くのツールが公式のユーチューブチャンネルを持っています。それらを順に視聴していけば、どのようなＵＩデザインなのか、ＴｏＤｏリストやブログサイトなどの簡単なサービスを作るにはどのようなステップを踏む必要があるのかがざっくりと理解できます。

一回作ってみる

百聞は一見にしかずといいますが、百見は一動にしかずです。ユーチューブ動画を見ると、どの動画も「何かのサービスを一通り作る方法」について紹介していることがわかります。例えば、ウーバー（Uber）のクローン（コピーサイト）やエアビーアンドビー（AirBnB）のクローン、ツイッターやフェイスブックのクローンなんかもあると思います。業務ツールだと、日報システムや勤怠システム、在庫管理システムを作るなんていうのもあると思います。それらを完全コピーして作ってみましょう。いわゆるバッティングセンターで練習しているようなものです。試合でバッターボックスに立てば失敗できませんが、素振りやバッティング練習ならいくらでも失敗できます。ここでたくさんの失敗をすることで、多くの学びを得ることができます。

SNSでつながる

ノーコードコミュニティで活躍する人の多くは、ツイッターを活用しています。特に新しい情報や開発の細かいノウハウなどは、これからサービスを作ったり、仕事を請けて開発したりする上で、とても貴重な情報です。ツイッターやフェイスブックで「ノーコード」や「NoCode」と検索して、「いいね」がたくさんついている仲間を探してみてください。

作りたいものを見つける

ノーコードツールは、ツールという名前の通り、手段でしかありません。その手段を生かして「何を作るのか」が非常に大切になります。みんなが使いたいと思うバズるサービスを最初から狙う必要はありません。自分が使ってみたいと思うサービスを見つけましょう。自分が本当に作りたいと思うものであればあるほど、ノーコードの開発はハマるし、モチベーション高く学習することができるので、ぜひ一度考えてみることをおすすめします。

もし、自分で作ってみたいものがない人は、アイデアがあるけど作り方がわからない人を探しましょう。SNSを見てみると、「これノーコードでできないかな」や「こういうサービスないかな」と発信している方がたくさんいます。その中で、ご自身の関心が高いものを探してみましょう。もし見つかれば、その方々と一緒に開発できるかもしれません。

公式ドキュメントを読み込む

「○○クローン」のようなサービスを一つ作り、作りたいサービスを見つけることができた方が次にすることは、公式ドキュメントの読み込みです。実際に開発を進めていくとユーチューブ動画やSNSには出てこない壁にぶつかります。ここまで来ると上級者です。ここからは公式ドキュメントを検索し、機能をつぶさに見ていきましょう。公式ドキュメントを読み込むと、これまで知らなかった機能や正しい使い方を知ることができます。それらを読み解いていくことで、基礎理解が進み、その分応用が効くようになります。

公式ドキュメントだけではなく、公式のコミュニティやフォーラム（質問掲示板サイト）なども積極的に活用しましょう。特にフォーラムには、同じような壁にぶつかっている人がすでに投稿していて、解決策が得られている場合が多くあります。またプラグインなどの機能拡張がある場合は、いろいろなプラグインについても学習しましょう。基本機能で対応できない場合でも、プラグインなどで機能拡張すれば実現できるものもたくさんあります。

公開して使ってもらって振り返りをしよう

効率よく学習するには、公開する「勇気」が必須です。ツイッターでもフェイスブックでもなんでもいいので、勇気を持って自分で作ったアプリを公開しましょう。出来具合は100％を目指さなくてもかまいません。公開して使ってもらってフィードバックをもらうことで、自分のできること、できなかったことを振り返ってみましょう。ノーコードは、すぐにサービスが作れることがいい点です。いろいろなツールに触れて自分に合うノーコードツールを見つけてみてください。ぜひ、勇気を持って、最初の一歩を踏み出していきましょう。

おすすめ学習コンテンツ

ここからは、おすすめの学習コンテンツをご紹介します。

ノーコードスクール（NoCode School）

ノーコード・ユーチューバーの「しんじさん」が運営する動画コンテンツです。チュートリアル形式でツールの紹介をしてくれているため、ツールを知識として学ぶだけでなく、活用する方法を知ることができます。プログラミングしない方でも、わかりやすく説明しているところがポイントです。海外ツールのコンテンツが多いです。

ノーコードラボ

ノーコードラボはノーコード開発のスペシャリスト集団で、特にバブルに広い知見があります。ノーコードラボでは、そのノウハウをブログに公開しており、バブルで開発する方にとって必読の書となっています。

https://blog.nocodelab.jp/

ノーコードキャンプ（NoCodeCamp）

プログラミングせずにWeb サイト&アプリを作る「ノーコード」であなたのアイデアを実現。最新情報やツールの使い方などを共有し、『作る』を応援。日本初&国内最大のノーコード専門オンラインサロンです。

https://lounge.dmm.com/detail/2549/

メーカーパッド（Makerpad）

世界最大のノーコードオンライン学習サイトです。3百時間以上、3百個以上のチュートリアル動画があり、世界で9千人以上の学習者が登録しています。海外のツールになりますが、対応ツール数も多く、かつ一度購入するとオンラインコミュニティにも参加できるため、世界中の情報を収集することができます。249ドル／年。

ノーコード・ファウンダーズ（No Code Founders）

世界中のノーコードツールの開発者やノーコードツールで開発する人たちが集うスラックコミュニティです。ここでは常に新しい情報が交換されており、新しいツールが紹介されたり、既存ツールの使い方を教え合ったりする世界的なコミュニティです。現在7千人以上が登録しています。

https://nocodefounders.com/

ノーコードでも必要な基礎ＩＴ知識とは

ノーコードを学習し始めて徐々に開発ができてくるようになると、基礎的なＩＴ知識（コンピューターサイエンス）を学んでいないことによる伸び悩みが課題になってきます。実は多くのノーコーダーたちも基礎知識の壁を感じて、学び直しをしていることが多いです。例えば、バブルのプラグインにＡＰＩコネクターという外部サービスとの連携ができるプラグインがあります。これを使用して外部サービスと接続するためには、ＡＰＩの仕組みがわかっていないといけないため、基礎ＩＴ知識がないと活用できません。

学び方としては、「基本情報技術者試験」の参考書がおすすめです。基本情報技術者試験は幅広い知識を問われる試験なので、ノーコード開発で要求される知識をまんべんなく身につけられます。書店に並んでいてイラストが豊富なものであれば、どれも良書ですので、自分に合う書籍を探してみてください。本節では、ノーコード開発でどのような知識が必要なのかを、簡単に紹介します。

データベース

必要なＩＴ知識の筆頭として挙げられるのは、データベースでしょう。何らかのデータを記録するためにはデータベースが必要となるので、ノーコードであっても、データベース代わりにスプレッドシートを使っていても、知識が欠かせません。さらにいえば、データベースを上手に設計できるか否かで、イメージ通りのサービスを開発できるかが左右されるともいえます。

データベースの知識といってもさまざまですが、主に要求されるのは関係性（リレーショナル）データベースの知識です。具体的には、正規化や非正規化の方法、関係性（リレーション）や外部キーの考え方、表の結合や並べ替えなどがあります。スプレッドシートをデータベースとして使うタイプのツールであれば、基本的な数式を覚えていると扱いやすいでしょう。

プログラミングで開発する場合は、多少データ設計がいまいちでも、ＳＱＬ（データベース（を操作する言語）を書いて力技でなんとかできます。しかし、ノーコードツールの場合はデータ取得方法の自由度が低い場合が多いので、例えば全レコード（行）を取得したいのに、画面デザインなどの他の設定の制約で、一行一行取得しないといけなくなるといった問題が発生することもあります。その場合、処理量が多くなると応答速度が遅くなるので、利用者体験が落ちるという影響が出ます。データ設計が重要なのです。

セキュリティ

データをアップロードする仕組みを持つサービスだと、セキュリティ知識は必須です。セキュリティ知識がないままで、インターネット上にアプリケーションを公開するということは、飲酒運転と同じくらい危険だと思ってください。自損事故ならまだしも、不特定多数のユーザーの個人情報を脅威にさらすこととなります。

セキュリティの知識で具体的に必要となるのは、世の中にあるセキュリティ脅威や脆弱性と呼ばれるものはどういうものがあるのか、どのような攻撃手法があるのか、暗号技術や認証技術などです。特に攻撃手法を知っておけば、悪いことをする相手の手の内を知ることができます。サーバーをダウンさせる攻撃や、アプリケーションの設定の穴を突く方法など、さまざまな攻撃手法がありますが、どれも重要なので概要は知っておくべきでしょう。

もちろんノーコードツール自体にはセキュリティ対策がなされており、万が一不具合があったとしてもすぐに修正される体制になっています。しかし、ノーコードツールはサービスを開発するためのツールなので、その柔軟性を担保するために、データ管理やアクセス管理は利用者に任されていることが多いのです。例えばログインしていない人以外にもデータが閲覧できたり、ログインしているユーザーとは違う人の個人情報が表示されてしまったりすることもあります。そのため、セキュリティの意識を持つことはもちろん、安全なサービスを開発するためにもセキュリティ対策は、必須の知識になるといっていいでしょう。

ネットワーク

ノーコードツールはすべてインターネット技術をベースに開発されているので、みなさんがこれから作るサービスや業務システムもインターネット技術がベースになります。そのため、インターネットを実現するネットワークの基礎知識は必須となります。

具体的に必要なのは、ＩＰアドレスとは何か、ドメインとはどのような仕組みなのか、通信プロトコル（ＨＴＴＰやＦＴＰ、ＳＭＴＰなど）とは何なのか、などです。もう少し広義でネットワークを捉えると、通信暗号化（ＳＳＬの仕組み）や電子メールの仕組み、ＷｉＦｉやモバイルネットワークの仕組みなどです。

ノーコードツールの開発中に、ネットワークを意識する状況はさほど多くはないでしょう。しかし、不具合が発生した場合、特に特定のユーザー環境でのみ発生する場合などは、何らかのネットワーク設定が原因で不具合が発生している可能性もあります。そのような原因分析をする際には、ネットワークの知識が必要になってきます。

要件定義

ここからはコンピューターサイエンスの知識ではありませんが、知っておくべきＩＴ知識を採り上げます。その中で筆頭に挙がるのは要件定義です。要件定義とは、開発対象となるサービスやシステムを利用する人たちの要望を、ノーコードツールで実装できる機能に置き換える作業です。利用者の要望が「インスタグラムのような写真投稿サービスを作りたい」だとすると、「ログイン機能」「写真投稿機能」「写真閲覧機能」「いいね機能」などというふうに要望を叶える機能を洗い出し、そこからどのようなデータベース構成にするのか、運用はどのようにするのかなどを細分化し、システム設計につなげていく作業です。

要件定義は勘と経験でできると思われがちなのですが、検討すべき項目というものが決まっているので、それに沿って洗い出しを行います。要望を機能に落としていく作業は、コミュニケーション能力に左右される部分はありますが、検討すべき項目が頭に入っている状態でヒアリングするのと、そうでないのとは全く違います。

要件定義に悩みを抱えている人こそ、ぜひしっかりと体系立てて学んでいただきたいです。

動作確認テスト

動作確認テストを精度高く実施するにも知識が必要です。初めてサービスやシステムを開発する方がノーコードツールを使う場合、設定や開発ばかりに力を入れ、それが正しく動作するかのテストが不十分なことがよくあります。ノーコードツールは設定の通りに動作するだけなので、設定をする人の設計の仕方に不具合があれば、正しく動作しません。

自分の設定が間違っている可能性を前提に入れ、テストデータを用意して、正しく動作することを確認することが必要です。

動作確認テストのために、さまざまなフレームワークが用意されています。正常系や異常系、またはその組み合わせのテスト、網羅性基準の設定方法、同値分割や境界値分析などの技法があります。場当たり的に動作確認テストをするのは、効率的な時間の使い方ではありませんし、バグが効率的に洗い出せないので、ぜひ動作確認テストの方法も覚えるといいでしょう。

法律

法律はシステムとは直接関係がありませんが、インターネット上にサービスやシステムを配置し、事業を行う上では欠かせないものです。基本情報技術者試験にも問題として出るくらい密接に関係しています。特に関係性が深いのは、著作権や知的財産権などの権利侵害に関する法律です。知識がないと無意識に権利を侵害してしまうことがあるので、正しい知識を事前に身に着けておかなければいけません。逆に自身の著作物や知的財産が脅かされる可能性もあります。権利やライセンスは、手渡す条件それ自体が価格設定に影響するものですので、正しい知識で相手方と交渉する必要があります。

ノーコードツールで開発する上で、機能拡張のために無料のプラグインやアプリを導入したり、無償提供されている画像などを利用したりすることも多くあります。これらにはソフトウェアライセンスが設定されていることもあります。具体的には、GPL（GNU General Public License）やクリエイティブ・コモンズ・ライセンスと呼ばれるライセンス形態です。本書では詳解しませんが、どれも必須の知識になります。

それ以外にも個人情報保護法や特定電子メール法、ECを行う場合は特定商取引法なども関与してくるでしょう。ウェブスクレイピングでアクセスしていたら不正アクセスとして警告を受けることもありますので、不正アクセス禁止法なども十分に気をつけなければいけません。

法律は、日本国内に在住する限り「知りませんでした。」では済まされない問題ですから、そのあたりはクリアにしながら進めていただくのがいいかと思います。

CHAPTER 07

先端技術とノーコード

Section 1

ノーコードが実現する未来

ここまで、ノーコードの歴史から今に至るところまでを紹介してきましたが、この章では、ノーコードが実現する未来についてご紹介していきます。もちろん未来について確実な予測はできませんが、現在起きている変化をもとに未来を推測していきたいと思います。

マーケットの拡大と変化

デジタルトランスフォーメーションなどのＩＴ活用ニーズが確実に高まっている２０２１年において、ノーコードの市場が大きく拡大しています。経済活動の面でいうと、モバイルアプリ開発サービスの「Ｙａｐｐｌｉ」やＥＣプラットフォームの「ＢＡＳＥ」

が２０２０年に上場を果たしました。本書で紹介している国内のノーコードツールでも、２０２０年に資金を調達しているところがあります。海外に目を向けると２０２０年９月にクラウドデータベースの「エアテーブル（Airtable）」が約１９５億円、２０２１年１月にウェブサイト作成ツールの「ウェブフロー（Webflow）」が１４０億円を超える資金を調達しています。ウェブフローは課金ユーザー数を２年弱で５万人から１０万人に倍増させており、エアテーブルは２年で８万人から２０万人という倍以上の増加を見せています。エアテーブルはすでに合計３５０億円以上の資金を調達しており、ウェブフローとともに今後上場した場合は大型上場となる様相を呈しています。

また調査会社のガートナー社が発表している２０２１年２月のレポートでは、ノーコードを含むローコードツール市場が、２０２０年から２２・６％増加し、世界全体で１兆５千億円を超える市場になっていくだろうと推測しています。ガートナー社はさらに、現在ビジネスサイドで活躍する人たち、つまりＩＴ職でない人たちのおよそ半数が２０２５年までにローコードを活用し、アプリを開発し始めると予測しています。

この動きはスタートアップのものだけではありません。大手ＩＴ企業もこの流れに沿った動きを見せています。グーグルは「アップシート（AppSheet）」という業務アプリを開発するノーコードツールを２０２０年１月に会社ごと買収し、自社製品のラインナップに加えました。グーグルはそれまで「アップ・メーカー（App Maker）」という自社開発の類似サービスを展開していましたが、そのサービスを終了させての買収です。その年の9月には、「ビジネス・アプリケーション・プラットフォーム」というサービス群の計画を公開し、アップシートはもちろん、グーグルのクラウドインフラサービス群をノーコードで提供するとしています。

アマゾン社のＡＷＳは、「アマゾン・ハニーコード（Amazon Honeycode）」という、こちらも業務アプリを開発するノーコードツールを２０２０年6月に公開しました。データベースがエクセルライクなスプレッドシート形式なので、複雑な業務には向いていませんが、２０２１年3月現在でベータ版のため、今後の機能強化が期待されます。

アップルとマイクロソフトは古くからノーコードツールを開発運用しています。アップル社傘下のクラリス社はファイルメーカーというデータベースソフトウェアを１９８３年から販売しており、現在もアップデートを続けています。インストール型はもちろんクラウド型のサービスも展開しており、多くの会社で活用されています。マイクロソフトはエクセルやアクセスなどのオフィス製品として、ノーコードらしいソフトウェアを販売する最古参でありますが、２０１６年には、「パワーアップス（Power Apps）」という業務アプリを開発するノーコードツールをグーグルやアマゾンに数年先んじて提供しました。

２０１９年には、「パワー・オートメイト（Power Automate）」という処理自動化ノーコードツールをリリースしています。

このように急速に拡大していくノーコード市場に向けて、大手ＩＴ企業も顧客需要に合わせたサービスを続々とリリースしています。

現場における足元からの変化

国内外の大きな変化は前述の通りですが、システム開発の現場でも少しずつ変化してきています。筆者は中小規模の企業組織のシステム開発に従事していますが、ＩＴの導入に積極的な企業からのノーコード開発を前提としたお話をいただくことが増加しています。ＩＴに理解のある企業の担当者だと、事業部門の担当者から特定のノーコードツールを指定してご相談をいただくこともあります。

ご相談いただいた時点で、ノーコードを知らない場合でも、こちらからノーコードツールを提案すると、メリット・デメリットを理解してもらい、スムーズに開発が進むこともあります。ノーコードはいろいろと制約があるけど、開発期間が短く、その分工数が少なくなるので結果的に予算が限られていても、いいものが作れるという認識を持っていただいています。これはおそらく、日経新聞やニューズピックス（NewsPicks）などの経済メディアが、２０２０年中頃に多く取り上げたことにより、多くのビジネスパーソンの頭の片隅に残っているのではないかという印象を受けます。

さらに、開発規模もどんどん大きくなっています。２０２０年初頭では簡単な業務システムや、新規事業のコンセプト検証（ＰｏＣ）で使われていたものだったのが、２０２１年初めにはほぼサービスとして運用ができるレベルの作り込みをしているものや、業務システムでも複数の業務にわたるシステムの開発に使用されていたりします。もちろん開発規模が大きくなるにつれて、ノーコードで開発するリスクが増えていくので、一定以上の規模のご相談は「ノーコードではできない」という判断をしてお断りしていますが、今後のノーコードツールの機能強化やシステム開発会社側の体力があれば、開発規模の実績も増加することが見込まれます。

マイクロサービスアーキテクチャー化するノーコード

このようにノーコードツールが適用できる案件が増加し、開発規模も大きくなるにつれ、ノーコードツール一つひとつをマイクロサービスとして考えて、ツール同士をつなぎ合わせて一つのITシステムを作るという流れが出てきています。マイクロサービスアーキテクチャーは、ITシステム開発技法の一つなのでご存じない方も多いかもしれません。

これまでのシステム開発は、緻密で複雑な設計図をもとにして、ウォーターフォール型と呼ばれる一度開発が始まると後戻りが許されない開発技法（モノリシック型）で開発されていました。一つひとつの機能が複雑に入り組んでいて、画面構成とプログラム処理とデータベースがガッチリと組み合わされているため、変更や修正が効きにくくなります。しかし、ビジネスの変化がどんどん早くなり、それに合わせてITシステムにも素早い変化を求められると、旧来の技法で開発されたITシステムは対応が難しいという課題を抱えていました。

そこで登場したのが、マイクロサービスアーキテクチャーです。マイクロサービスとは文字通り小さいサービスのことです。これまでのように、画面構成や画面デザイン、プログラム処理やデータベースが密に連携しておらず、各機能も別々で動作しつつ、データのみが連携されている構成です。この開発技法のよさは、ずばり柔軟性が高いことです。例えば、ITシステムにおいて一番変化が激しいのは画面デザインです。消費者はフェイスブックやグーグルなどの洗練されたアプリを無料で使用しているため、画面デザインなどのユーザーインターフェースに対する要求は高くなりがちです。これまでのシステム開発だと画面はデータベースと密に連携していたので、おいそれと変更できませんでしたが、マイクロサービスアーキテクチャーであれば、画面だけを入れ替えることが可能です。

マイクロサービスアーキテクチャーは既存のシステム開発技法ですが、それをノーコードで実現する事例も出てきています。例えば、画面デザインはウェブフローで開発して、データはエアテーブルに保存して、表示のたびにデータを取得します。途中でデータの加工が必要になったときは、ザピアーやインテグロマットを挟んで加工したデータをウェブフローで表示したり、エアテーブルに格納したりできます。それぞれのノーコードツールにはＡＰＩが実装されていて標準化された同一ルールでデータをやりとりできるので、これまでのシステム開発と比較しても面倒が増えることもありません。

このように多種多様なノーコードツールが出現することによって、これまではプログラミングで実装する必要のあった機能などを、ノーコードツールの組み合わせのみで実現することができるようになっています。

職業の変化

ノーコードのラインナップが豊かになればなるほど、できることがどんどん増えていき、みなさんのビジネスの中に少しずつ浸透していきます。ビジネスが変化していくということは、そこには新しい職業が生まれます。ノーコードによって創出される職業とはどのようなものか、現在の動向を見ながら未来を予想してみます。

ビジネス開発とシステム開発の境目がなくなる

現在はビジネス開発の領域とシステム開発の領域ははっきり分かれています。新規事業開発部門で新しいビジネスを考える人や商品開発などの既存ビジネスを拡大するためのアイデアを創出するビズデブ（BizDev）と呼ばれる人は、ＩＴエンジニアでないことが多いです。逆にシステムやＩＴサービスを開発している人は、直接的な売り上げや収益ではない目標で仕事をしていることが多いです。

なぜこういうことになるかというと、ビジネスを考えるのも、システムを考えるのも高い専門性が求められ、１人がすべてを担当するには時間がなさすぎるからです。中小企業でどちらも必要な場合は、どちらかを外注することが多いのではないでしょうか。ビジネスを形にするためにシステム開発を外注するというのは幅広く行われていますし、逆にシステム開発を専門にしている会社に経営コンサルタントが入って新規事業を創出したりしています。もちろん両方が有機的に機能している若い企業もあります。

しかし、ノーコードがその境目をあいまいにし、ビジネス開発よりのＩＴエンジニアや１人でプロトタイプが作れるビジネス担当者が存在するでしょう。そこには商品開発部や情報システム部門というような職種のラベルさえグラデーションになり、どんどん新しい役割が生まれてくると考えています。

ビジネス開発担当者の目線で考えてみましょう。これまではシステムを外注するためにニーズを精緻に調査し、事業計画や収益計画を詳細に検討し、システム要件に丁寧に落としていく必要がありました。先に進めれば進めるほど後戻りできないリスクが高まるので、確実に時間をかけて進めるのは当然のことです。しかし、ノーコードによってシステム開発を外注しなくていいということになれば、ある程度の事業計画を作って、あとはとりあえずサービスを作ってリリースしてみることが可能です。自分で開発するということは、アイデアを事業に落とし込む過程で生まれたビジョンやミッションなども、しっかりサービスに反映できます。さらに、ビジネス指標をリアルタイムで分析し、それを機能に迅速にフィードバックすることも容易です。

一方で、システム開発担当者の目線でも考えてみましょう。新しいサービスが好き、個人開発がしたい、もっとこうやればいいサービスができるのにと思っているITエンジニアは多いのではないでしょうか。現在ほとんどの新しいビジネスはITビジネスであり、かつ提供されているサービスがどのような仕組みで動作しているのかがわかると、ビジネスの構造が見えてきます。新しいサービスが好きなITエンジニアであれば、たくさんのサービスを知っていてトレンドもわかるでしょう。彼らがノーコードを活用することで、空いた時間を事業を考える時間に充てられます。ITエンジニアがノーコードを使うと、システムの仕組みを知っている分、一般の何倍も生産性が上がります。あとは事業計画が未熟でも、とりあえずサービスを作ってリリースしてみて、ビジネス指標を分析し、それを機能に迅速にフィードバックすればいいのです。

このようにビジネス目線でも、システム開発目線でも、最終的に到達するのは「とりあえず作って使ってもらって、分析し、機能強化する」というPDCAを、できるだけ高速に回すというところになります。ビジネス開発のことをビズデブ（BizDev）といい、システム開発と運用を統合することをデブオプス（DevOps）といいますが、ノーコードによってビズデブオプス（BizDevOps）というすべてを1人または小さいチームで行うことが可能になります。

会社の各部門にノーコーダーが配置される

先の例は新規事業開発についてでしたが、業務システムについても同じことがいえます。大手企業では各事業部門に事業損益を担当する経理担当者がいます。中小企業では各部門に事業に付随する営業や経理の事務処理担当者がいると思います。これは、事業の推進には細かい事務処理を迅速に柔軟に行う必要があるため、会社全体を統括する営業部門や経理部門とは別に配置されている担当者です。

一方で、ＩＴはどうでしょうか。事業の推進にＩＴが必要になってかなりの時間が経ちます。ＩＴシステムの運営が滞ると、事業が停滞するのではないでしょうか。しかし、会社全体を統括する情報システム部門はありますが、各部門にIT職は配置されていません。この問題の一つは学習コストの高さです。育成に時間のかかるIT職を各部門に配置することは難しいという問題です。

しかし、ノーコードでここも変わります。会社の各部門に事業を推進するために必要なIT事務を一手に引き受けるノーコーダーが配置されるでしょう。ノーコードツールがあれば、定期的なシステム操作やファイルの加工、手集計や転記、情報システム部門や外注先のIT企業への連絡や指示などを省力化できます。ビジネスがこれまでよりさらにスピードアップし、事業の推進に拍車がかかるでしょう。

ノーコードにより新しい職種やポジションが増えるということは、組織体制の仕組みも変わり、経営の方法も変わっていきます。

ノーコードコンサルタントが台頭する

新規事業の領域でも、業務運用の領域でもノーコードの活用が推進されていく中で、筆者は、外部の知見を得るためにノーコードコンサルタントという職業が出現すると予測しています。ノーコードツールの数は、2021年3月時点でも海外で3百を超え、国内でも80を超えます。その中で自分たちのニーズに合ったツールを探すのは高度な知見が必要です。そこでニーズの棚卸しからツールの選定、運用設計までを担当するコンサルタントが必要になってきます。ノーコードはプログラミング開発ほど柔軟ではなく、ある程度できることが限られ、得手不得手があります。ここを見誤るとツールを使うことによってもっと手間がかかることもありえます。逆にツールが適切に選定できると、あとはそのツールを学習して活用するだけともいえます。

一方で、外部のノーコードエンジニアはある一定の時間とともに少なくなってくる、またはインハウスのノーコーダーになっていくでしょう。これは、ノーコードは内製化することで力を最大に発揮するからです。いったんは外部エンジニアで開発したとしても、ノーコードが徐々に浸透していく中で内製化が推進されます。部門に1台だったPCが徐々に1人1台になり、メールアドレスが全員に配布されるようになったのと同様に、ITツールは徐々に、しかし確実に進んでいきます。

ノーコードコンサルタントは、一定の導入期間のみ伴走するプロジェクトベースで参画する場合もあれば、顧問業として従事する場合も出てきます。ITが法務や税務と同様に事業推進に必要な業務になり、かつ迅速で柔軟な対応が求められるものになりつつある中で、通期でありとあらゆる相談が気軽にできる人材が必要です。一方で、ビジネスのスピードにシステム開発が追いついておらず、システム開発のスピードにビジネスを合わせないといけないという問題が噴出しています。ノーコードであればシステム開発のスピードが早くなり、かつ設定変更や機能追加も頻繁に行うことができるため、通期伴走型のコンサルティングサービスがマッチします。

社会課題の解決加速化

ノーコードツールの普及に伴い、多くの社会課題がテクノロジーで改善または解決すると考えています。市民開発者（Citizen Developer）という言葉があります。ノーコードツールを活用してITシステムを作るIT職でない人を指す言葉で、近年さまざまなシンクタンクや大手IT企業の研究調査結果で使われるようになっています。その調査結果の一部では、2023年までにエンタープライズにおける「市民」開発者がプロの開発者を4倍近く上回ることになるだろう（ガートナー社／2019）など驚きの数字も出ています。

市民開発者の「市民」とは「市民権（Citizenship）」の市民です。つまりこれまでごく一部のITエンジニアしか持っていなかったプログラミングスキルやシステム開発スキルが「市民権」を得て、多くの人たちが利用できるようになるという意味です。ベンチャー投資会社の代表であるマーク・アンドリーセンは2011年に「ソフトウェアが世界を飲み込む（Software is eating the world）」という記事をウォール・ストリート・ジャーナルに発表しました。今現在のみなさんの生活はどうでしょうか。おそらくソフトウェアに飲み込まれているのを実感されていると思います。しかし、市民開発者がノーコードツールで市民権を得ることで、そこに一石を投じられると考えています。自分たちの生活に必要なITシステムは自分たちで作るという新しい潮流です。さながら国民に大きな影響を与える政治への関与を求めて「参政権」を市民が勝ち得た歴史のような流れといってもいいでしょう。

ここでは、なぜ市民開発者が社会課題の解決を加速化するのかをご紹介したいと思います。

当事者たちが作るニッチサービス

社会課題の解決に奔走する社会起業家は当事者性を持たないといけない、という意見に筆者は反対です。しかしその一方で、ニーズは当事者から発生するものだと考えています。とはいえ、当事者の母数が少なければ少ないほど、そのニーズは無視されてきました。なぜなら資本主義のルールに載せられないからです。

例えばSNSは、世界中のありとあらゆる人が利用し、莫大な収益を上げ、どんどん機能が強化され、広がってきました。少しニッチ（小さな市場）な例に目を向けると、例えば、「釣りのSNS」がいくつかありますが、サービスがしっかり継続しています。これは市場が小さいながらも、釣りという行為がお金を動かすので、オンラインで釣り道具を販売したり、広告を貼ったりすることで、サービス提供者も収益を得られるからです。

これが「難病サポートSNS」になると、なかなか普及しません。なぜなら従来の手法では、開発運営コストを回収するまで収益を上げられないからです。しかし、この市場は一般的なSNSに比較して極小の市場ですが、その当事者の方々のニーズはかなり強いのです。ここでノーコードの出番です。ノーコードツールを利用すれば、従来の開発手法だと「初期費用500万円で運用コスト50万円」となる予算が、「初期費用50万円で運用コスト3万円」という予算で実現可能になります。ニーズはかなり強いので、SNSの利用料金が月額5千円でも成り立つでしょう。そういう当事者が100人集まれば、そこに50万円の収益が生まれます。

このように強いニーズを持つ当事者の方々が、「世の中にないなら自分たちで作ろう」という精神でノーコードを活用することで、社会がよりなめらかになっていき、生活課題を解消し合うプラットフォームができると筆者は考えています。

アイデアを実現するための障壁がなくなる

「もっとこういう感じになればいいのに」「こういうのがあればもっといいのに」。日々の生活でこう思ったことがないでしょうか。役所や病院の待ち行列、携帯電話の契約更新、オンラインショッピングやSNSの利用など、さまざまなシーンでフラストレーションがたまる場面があると思います。このときに出たアイデアは、ほとんどの場合はアイデアのまま立ち消えになるでしょう。毎日出てくる小さなアイデアがどのぐらいあるのかは筆者にもわかりませんが、それらがサービスとして実現する確率は、宇宙のチリを探すレベルのように感じます。

ノーコードツールの活用によって、こういったアイデアでしかなかったものが、実際にサービスとして世の中に出る障壁が格段に低くなります。もちろんそれなりの熱量がないと実現できないことには変わりありませんが、「形にしたい！」と思ってから形にするまでのプロセスはかなり短くなります。よく質問いただくのは、「思いつきを形にするだけだとニーズ検証が必要じゃないですか？」という否定にも近い質問です。これについては、明確なニーズが検証されていないものでもまずは作ってみて、そこから検証すればいいと思っています。だいたいの場合、アイデアを形にする事前調査として、仮説としているニーズが正しいか、潜在的なニーズは存在するのか、という調査をします。一方で、ニーズを感じる目線で自分に問うたときに、そんなに明らかなニーズや課題を常に持ち続けているということはないのではないでしょうか。そういう人にプレゼン資料を見せて、「ニーズありますか？」と聞いたところでなんの意味も持たないと思います。

仮に、2000年頃にスティーブ・ジョブズがあなたの前で「タッチパネル式でネットも音楽も聞ける電話いりますか？　ただし、テレビは見られませんし、ストラップもつけられません」といったとして、めちゃめちゃ欲しいです！と思ったでしょうか。こういうニーズは潜在的なものなので、商品を実際に触って使ってみて初めてニーズが満たされたと感じるものです。

そうであれば、ニーズがそんなに感じられない状態でも、取れるリスクの範囲でサービスを作って使ってもらうのは有効な戦略といえます。自分のアイデアを社会に問うのです。これまでは開発コストがかかり、人材も少なかったのでリスクを負うことができなかった個人や企業が、リスクの範囲が小さくなったことで、失敗がしやすくなります。当人としては失敗したくないと思いますが、社会全体として見れば、より多くのアイデアが形になるのは悪いことではありません。たくさんのサービスが切磋琢磨して機能を強化していき、その中で淘汰されて残ったものが多ければ多いほど、よりよい社会になっていくのです。

多様性と包摂

ダイバーシティ・アンド・インクルージョン（多様性と包摂）という言葉がビジネス領域でも普及していますが、IT業界でもこの言葉は重要な単語の一つとなっています。本書冒頭で「0・3％のプログラマー人口のうち、80％が男性です。さらに40％が白人人種です。」ということを書きましたが、IT業界自体が多様性がない状態です。このようになってしまった原因にはいろいろな説がありますが、特定の個人が恣意的に操作して、このような状態になったのではなく、人の中にある無意識の行動がこのような結果をもたらしたといえます。

ここで問題になるのは、コンピューターも人間が作っているので、偏向性の影響を受けるというものです。有名な例が、グーグル・フォトが黒人カップルを「ゴリラ」と自動タグ付けした事象です。グーグル・フォトには、人工知能エンジンを使って利用者がアップした写真にさまざまなキーワードを自動タグ付けする機能があるのですが、その機能によって発生した事件です。この事象について、グーグルの担当責任者は、「マシン自体にバイアスはありませんが、我々が注意しないと彼らは容易に私たちから人種差別を『学んで』しまいます」とコメントしています。つまり人工知能は、利用者が手動でタグ付けしたデータも有機的に学び取り、学習結果に反映してしまうのです。つまり人間の偏向性が、コンピューターの制御に影響を与えるということです。

もしこのチームに多くの黒人やアジア人のメンバーが多くいれば、変なタグ付けがされていないか慎重にチェックできたかもしれません。プログラマー人口の偏りがコンピューターの偏向性を強化し、そのサービスが社会全体で利用され、社会を動かしているということも考えられます。今の時代において、社会からＩＴシステムを排除しようというのは無理筋です。ＩＴシステムは大きな利便性を私たちにもたらすため、それを排除すると大きな負の影響があります。そのためうまく付き合っていかないといけないでしょう。

そこでノーコードの活用が生きてきます。一説によると、プログラマー人口の偏りは、高等教育を受けられる機会の有無に起因しています。しかし、ノーコードによって学習コストが低くなることで、そこが解消されていく可能性があります。より多様な人々が多様な観点で多様なサービスを生み出すことで、または、より多様な人々が多様な視点でノーコード製のサービスを利用することで、ＩＴ業界の偏向が解消され、多様性を包摂していくと筆者は考えています。

コミュニティに主体的に関わる

より生活しやすく、なめらかな社会にするために先人たちは、コミュニティを作ってきました。町内会や自治会、ＰＴＡや保護者会、サークルや部活もコミュニティです。さらにＳＮＳなどのオンラインコミュニティも充実しています。ＩＴサービスがここまで浸透していなかった昔の時代は不便なことが多く、個人や家庭だけでは解決しきれない問題を、周囲の人が補完するためにコミュニティが形成されてきました。しかし、ＩＴサービスが浸透しきった成熟した社会において、このコミュニティが形骸化してきています。この形骸化してきた理由を筆者は、コミュニティに主体的に関わる必要がなくなったからだと考えています。課題を解決してくれるＩＴサービスが当たり前になり、市民はそれを享受するだけの受動的な社会参加になっています。

一方で、ＩＴサービスが浸透してきたからこそ生じている課題も多くあります。リアルにつながれない社会からの孤立、ＳＮＳ・スマホの依存症など、若い子どもたちが匿名性の高いネット環境でさまざまな被害を受けたりしています。そのような現在だからこそ、コミュニティの大切さが浮き出ます。

この問題はノーコードと無関係ではありません。現在の世界は、超巨大なＩＴ企業数社のプラットフォームに支配されており、それに対抗することは不可能に近いように感じられます。しかし、個人がノーコードを活用し、自分たちが本当に実現したい社会に向けて必要な機能を実装することによって、巨大プラットフォームに対抗することが可能になります。今後は、アメリカのごく一部のエンジニアが決めた仕様や機能に翻弄されるのではなく、自分たちに必要な機能やサービスを自分たちで作っていく機会が増えていくのではないかと考えています。

例えば、町内で発生した犯罪の情報をＬＩＮＥで即時共有する仕組みは、ノーコードで比較的簡単に安価に作ることができます。地産地消を実現したければ、大手グルメサイトで食事をするのではなく、地域のレストランで地物を食べられるところをリストアップして活用すればいいでしょう。近所の八百屋さんや魚屋さんの価格をネットで見られるサイトを作ってもいいかもしれません。ＰＴＡなどは一部の声の大きい保護者の意見が通りがちですが、議論をオンラインで公開すれば、誰でも見られてコメントができ、透明性の高い運用になると思います。

これらはあくまで一例であり、そこに価値を感じるかは人それぞれですが、ここでいいたいのは、せっかくＩＴツールが市民権を得て、一部の巨大企業から自分たちの手に渡ってきているのなら、それを主体的に利用しないのは損だということです。自分たちの身の回りの課題を解決して、よりよい社会作りを一緒に目指していきましょう。

あとがき

この本を手にとっていただいたときのワクワク感やドキドキ感を覚えていますか？　新しい知識を増やす瞬間、知らないことを知る瞬間は、年齢を問わず興奮しますよね。ワクワク感を欲して本をたくさん手にとってしまって、結果的に積ん読になってしまうなんてのもよくありますよね。

本書は、ノーコードに関心をお持ちのビジネスパーソンの方々が、本書の知識をもとに、ノーコードを活用していただくために書き下ろしました。執筆した私たちの期待としては、実際の現場で役立つ知識として今日から使っていただくということです。

それは必ずしも、特定のノーコードツールを使ってみるということではありません。「こういうのノーコードでできないのかな？」とアイデアを出すこともでもあります。周囲の方々に「ノーコードっていうのがあって、いまこういうことができるんだよ！」って伝えていただくことでもあります。直接誰かにいわなくても、ＳＮＳで発信いただく形でもいいかもしれません。

本書執筆時点では、まだまだノーコードの認知は高いとは言えません。本書を手に取り、お読みいただいている皆様は、ＩＴリテラシーにおいてアーリーアダプターであり、アンテナが高い方々ばかりだと思います。その方々が、様々な切り口で発信いただくことが、今後ノーコードがビジネスや生活に浸透していくかの鍵となります。

私たちは、ノーコードの発展が、社会をよりなめらかにし、仕事がしやすく、生活がしやすくなると信じています。ぜひノーコーダーとして、一緒に活動していただけることを楽しみにして、本書のあとがきとしたいと思います。お読みいただきありがとうございました。

スペシャルサンクス

本書の執筆には多くの方々のサポートによって成り立っています。特に次の皆様には、執筆においてカをお貸しいただきました。感謝の気持ちを込めて、ここにお名前を記載させていただきます。

(順不同)

事例取材にご協力頂いた皆様

サイボウズ株式会社 野水様、森様、別府様/株式会社Matrixflow 田本様、二瓶様、加藤様/株式会社For A-Career 吉田様/Anyflow 株式会社 坂本様/STUDIO株式会社 石井様/PREO DESIGN 古庄様/株式会社C-RISE 村井様、金栄様/株式会社palan 齋藤様/東京都中央区役所 岩田様/株式会社ユニフィニティー 曽良様、徳山様、金様/アステリア株式会社 垂水様、小幡様/株式会社CARCH 中村様、茂呂様/株式会社ヤプリ 北村様

執筆をサポートいただいた皆様

株式会社インプレス 柳沼様/株式会社リブロワークス 大津様/NoCodeCamp サロンメンバーの皆様

索引

STAFF LIST

カバーデザイン
小口翔平＋奈良岡菜摘＋三沢稜
(tobufune)
本文デザイン・DTP
安田涼子（株式会社リブロワークス）
校正　聚珍社

デザイン制作室　今津幸弘
鈴木薫
制作担当デスク　柏倉真理子

編集　大津雄一郎（株式会社リブロワークス）

編集長　柳沼俊宏

■商品に関する問い合わせ先

このたびは弊社商品をご購入いただきありがとうございます。本書の内容などに関するお問い合わせは、下記のURLまたはQRコードにある問い合わせフォームからお送りください。

https://book.impress.co.jp/info/

上記フォームがご利用頂けない場合のメールでの問い合わせ先
info@impress.co.jp
※お問い合わせの際は、書名、ISBN、お名前、お電話番号、メールアドレス に加えて、「該当するページ」と「具体的なご質問内容」「お使いの動作環境」を必ずご明記ください。なお、本書の範囲を超えるご質問にはお答えできないのでご了承ください。

●電話やFAX でのご質問には対応しておりません。また、封書でのお問い合わせは回答までに日数をいただく場合があります。あらかじめご了承ください。
●インプレスブックスの本書情報ページ https://book.impress.co.jp/books/1120101115 では、本書のサポート情報や正誤表・訂正情報などを提供しています。あわせてご確認ください。
●本書の奥付に記載されている初版発行日から3年が経過した場合、もしくは本書で紹介している製品やサービスについて提供会社によるサポートが終了した場合はご質問にお答えできない場合があります。

■落丁・乱丁本などの問い合わせ先

TEL：03-6837-5016
FAX：03-6837-5023
service@impress.co.jp

(受付時間 10:00-12:00／13:00-17:30、土日・祝祭日を除く)
●古書店で購入されたものについてはお取り替えできません。

■書店／販売店からのご注文窓口

株式会社インプレス 受注センター
TEL：048-449-8040
FAX：048-449-8041

株式会社インプレス 出版営業部
TEL：03-6837-4635

ノーコードシフト プログラミングを使《つか》わない開発《かいはつ》へ

2021年6月21日　初版発行

著　者　安藤《あんどう》 昭太《しょうた》、宮崎《みやざき》 翼《つばさ》、NoCode《ノーコード》 Ninja《ニンジャ》
発行人　小川 亨
編集人　高橋隆志
発行所　株式会社インプレス
　　　　〒101-0051　東京都千代田区神田神保町一丁目105番地
　　　　ホームページ　https://book.impress.co.jp/
印刷所　音羽印刷株式会社

ISBN978-4-295-01168-2　C0034
Printed in Japan